职业教育装配式建筑工程技术系列教材

装配式混凝土结构施工技术
（第二版）

王　鑫　杨泽华　主　编

刘　鑫　主　审

中国建筑工业出版社

图书在版编目（CIP）数据

装配式混凝土结构施工技术 / 王鑫，杨泽华主编
. — 2 版. — 北京：中国建筑工业出版社，2023.7（2025.4重印）
职业教育装配式建筑工程技术系列教材
ISBN 978-7-112-28426-9

Ⅰ. ①装… Ⅱ. ①王… ②杨… Ⅲ. ①装配式混凝土
结构-混凝土施工-高等职业教育-教材 Ⅳ. ①TU755

中国国家版本馆 CIP 数据核字（2023）第 037075 号

本教材共分 8 个单元，对装配式混凝土结构体系，装配式混凝土结构设计原则，装配式混凝土结构整体现浇节点构造，装配式混凝土构件生产，装配式混凝土构件运输和吊装，装配式混凝土构件现场安装，装配式混凝土工程施工与现场管理，装配式混凝土结构安全施工与绿色施工进行介绍。本教材突出职业教育特色，以培养技能型人才为目的，偏重于培养学生解决装配式建筑生产与安装施工中出现的实际问题的能力，培养学生理论联系实际的能力。本教材知识章节紧凑完整，通过编者多年对装配式建筑技术的研究和积累，并结合本行业优秀企业的优秀项目案例和项目经验，可为装配式建筑从业人员提供一定的参考和帮助。

本教材可作为高等职业教育装配式建筑工程技术专业教材，也可作为相关技术人员参考用书。

为便于教学和提高学习效果，本书作者制作了教学课件，索取方式为：1. 邮箱 jckj@cabp.com.cn；2. 电话（010）58337285；3. 建工书院 http：//edu.cabplink.com。

责任编辑：刘平平 李 阳
责任校对：党 蕾

职业教育装配式建筑工程技术系列教材
装配式混凝土结构施工技术
（第二版）
王 鑫 杨泽华 主编
刘 鑫 主审

*

中国建筑工业出版社出版、发行（北京海淀三里河路 9 号）
各地新华书店、建筑书店经销
北京鸿文瀚海文化传媒有限公司制版
建工社（河北）印刷有限公司印刷

*

开本：787 毫米×1092 毫米 1/16 印张：13¾ 字数：342 千字
2023 年 4 月第二版 2025 年 4 月第二次印刷
定价：**39.00 元**（赠教师课件）
ISBN 978-7-112-28426-9
（40249）

第二版前言

为深入贯彻《国务院办公厅关于大力发展装配式建筑的指导意见》（国办发〔2016〕71号）、《国务院办公厅关于促进建筑业持续健康发展的意见》（国办发〔2017〕19号）、住房和城乡建设部《"十三五"装配式建筑行动方案》文件精神，按照"十四五"国家经济社会发展和2035年远景目标对高职教育的要求，在科学分析产业、职业、岗位、专业关系基础上，对接现代产业体系，服务产业基础高级化、产业链现代化，遵照教育部高职高专教材建设的要求，紧紧围绕培养高素质技术技能人才的要求，确定了本书的编写思路与教材特色。

根据《教育部办公厅关于做好职业教育专业目录修（制）订工作的通知》教职成厅函〔2020〕10号文的精神，新的高职专业目录中新增"装配式建筑工程技术"专业（代码440302）。在此背景下，本书在新增内容模块和原内容校核修正过程中，紧紧围绕高职建筑工程技术专业和新增装配式建筑工程技术专业的人才培养定位、培养目标、专业培养要求、企业人才需求、建筑业的发展趋势等重点内容进行本次编写和修订工作。

装配式混凝土施工技术是在建筑产业化的大背景下应运而生的专业核心课，无论是在原建筑工程技术专业基础上开设的装配化施工方向，还是新增的装配式建筑工程技术专业，其重要性不言而喻。其建造方式的革新，推动教育教学内容的变革，既符合十九大以来，我国进一步加快转变经济发展方式的步伐，加快产业机构调整，走资源节约型、环境友好型的可持续发展之路，也是建筑产业解决用工荒和从业人员素质偏低等问题的必要手段。

本书编者是由来自知名企业、行业专家、院校等多位专家组成的编写组，经过多次研讨、修改，完成了本教材编写修订工作。本教材加入了"1+X"证书考试内容，立足装配式建筑构件制作与安装职业技能等级证书考评大纲，也将建筑施工工艺实施与管理职业技能等级证书考评要求、建筑工程构造识图考评要求等内容有效融合，实现课证融通，做到"1"与"X"技能的有机结合。装配式混凝土建筑施工技术技能是对装配式建筑从业人员实际工作能力的一种考核，是人才培养成果的验证，也是基础理论知识水平夯实和施工管理工作中综合素质提高的过程。教材编写以满足高职人才培养为基础，以教育部"1+X"认证考试大纲为依据，既可作为装配式混凝土建筑施工技术的学习教材，也可作为国家高等专业学校及以上在校学生和工程行业从业人员培训或备考资料使用。本教材的编写坚持与我国装配式混凝土建筑施工技术实践应用相结合，依托最技术、最新版法律法规、规范标准，在充分调研构件生产厂、工程设计及施工企业、造价咨询机构的实际需求基础上，将理论知识与关键技能结合，辅以项目实践案例分析，重点提升学生对于装配式混凝土施工技术的实际应用能力。

本教材的特点是培养目标定位准确，模块化设置的章节重点突出，在内容的选取上既保证理论内容详实又能联系实际案例，突出职业教育的功能，力求达到理论与实训的完美结合，知识与技能的有机统一。做到通俗易懂、容易记忆，完成培养高素质技术技能型专门人才的根本任务。

本教材对装配式混凝土建筑发展背景与评价标准系统梳理，又将依托最新标准的节点构造、构件生产、运输吊装、安装施工与管理、绿色安全施工与智能建造进行系统整合，将建筑项目的全过程覆盖，将对装配式建筑施工技术的技能型人才培养和建筑工程技术人员的继续教育起到支撑和引领作用。

本教材在原《装配式混凝土结构施工技术》第一版的基础上，参照现行最新版国家规范《装配式混凝土建筑技术标准》GB/T 51231—2016，行业标准《装配式混凝土结构技术规程》JGJ 1—2014，以及图集《装配式混凝土剪力墙结构住宅施工工艺图解》16G906等构造要求，加入了装配式混凝土结构基本设计原则、装配式混凝土结构现浇节点构造、装配式混凝土安全施工与绿色施工等章节，在传统的装配式建筑施工领域学习中起到了夯实理论基础的作用。

修订后，本书内容仍保留以任务为导向的模块化设置，设置如下 8 个单元：

单元 1　装配式混凝土结构体系

单元 2　装配式混凝土结构设计原则

单元 3　装配式混凝土结构整体现浇节点构造

单元 4　装配式混凝土构件生产

单元 5　装配式混凝土构件运输和吊装

单元 6　装配式混凝土构件现场安装

单元 7　装配式混凝土工程施工与现场管理

单元 8　装配式混凝土结构安全施工与绿色施工

以上各单元的设置，核心理念为：面向土木工程建筑业、房屋建筑业等行业的建筑工程技术人员职业群；培养具有一定的科学文化水平，良好的人文素养、职业道德和创新意识，精益求精的工匠精神，较强的就业能力和可持续发展的能力，掌握本专业知识和技术技能，能够适应产业数字化转型升级，从事装配式建筑工程施工、构件及部品部件生产、深化设计等施工与生产技术工作及管理等相关工作的高素质技术技能人才。

本教材单元 1 和单元 6 由河南水利与环境职业学院张东岭和中交第四公路工程局有限公司建筑科技事业部技术总监张宁共同编写；单元 5 由辽宁城市建设职业技术学院王鑫和沈阳卫德科技集团有限公司王太鑫、孙大龙共同编写；单元 2、单元 3、单元 4、单元 7 和单元 8 由辽宁城市建设职业技术学院王鑫和郑州职业技术学院杨泽华编写。本教材由辽宁城市建设职业技术学院刘鑫主审。同时在编写本教材时，得到了亚泰集团沈阳现代建筑有限公司、北京建谊投资发展（集团）有限公司、沈阳中天建设集团有限公司、北京榆构建筑工程有限公司等相关的企业一线人员的鼎力帮助与大力支持，在此一并表示衷心的感谢！

本教材在编写时，尽管我们在探索教材特色建设方面做了许多努力，但由于编者水平有限，加之时间仓促，书中难免有疏漏之处，敬请广大读者批评指正。随着时间的推移，装配式混凝土建筑领域的相关规范图集也在不断完善之中，敬请大家在实际工作中以现行有效文件作为工作依据。

第一版前言

随着我国职业教育事业快速发展，体系建设稳步推进，国家对职业教育越来越重视，先后发布了《国务院关于加快发展现代职业教育的决定》（国发〔2014〕19号）和《教育部关于学习贯彻习近平总书记重要指示和全国职业教育工作会议精神的通知》（教职成〔2014〕6号）等文件。同时，随着建筑业的转型升级，产业转型、人才先行，国家陆续印发了《关于大力发展装配式建筑的指导意见》（国办发〔2016〕71号）、住房和城乡建设部《建筑业发展"十三五"规划》（2016年）和《"十三五"装配式建筑行动方案》（2017年）等文件，文件中提及要加快培养与装配式建筑发展相适应的技术和管理人才，包括行业管理人才、企业领军人才、专业技术人才、经营管理人才和产业工人队伍。因此，为适应建筑职业教育新形势的需求，编写组广泛查阅相关资料，对若干装配式项目进行了调研和解读，结合真实的装配式建筑工程项目，对装配式建筑技术进行了讲授，力求贴近实际，通俗易懂。

本教材由辽宁城市建设职业技术学院王鑫、辽宁城市建设职业技术学院刘晓晨担任主编，辽宁城市建设职业技术学院刘鑫担任主审，参加编写的人员还有亚泰集团沈阳现代建筑工程有限公司张建国、沈阳卫德住宅工业化科技有限公司孙大龙、辽宁交通高等专科学校王亮、辽宁水利职业学院张莺、辽宁城市建设职业技术学院刘艳鹏、辽宁城市建设职业技术学院邢天宇、辽宁城市建设职业技术学院田昊、辽宁城市建设职业技术学院李泽熙、辽宁城市建设职业技术学院康淳禹。其中，单元1由刘晓晨、张建国、刘艳鹏编写；单元2由刘晓晨、孙大龙、邢天宇编写；单元3由王鑫、孙大龙、田昊编写；单元4由王鑫、王亮、李泽熙编写；单元5由王鑫、张莺、康淳禹编写。

本教材根据高职高专院校土建类专业的人才培养目标、教学计划、装配式建筑相关技术课程的教学特点和要求，结合国家装配式建筑品牌专业群建设，并以《装配式混凝土结构技术规程》JGJ 1—2014等规范、规程、图集为依据编写而成，以提高学生的实践应用能力，具有实用、系统、先进等特色。

本教材在编写过程中，参考了大量的优秀企业的项目资料，并得到优秀从业人员的指导和帮助，在此一并表示真挚的感谢。由于编者水平有限，书中难免有不足、不当之处，敬请各位专家、读者批评指正。

目　录

Chapter 01

单元 1

装配式混凝土结构体系

知识目标

了解装配式混凝土结构体系特点及装配式发展历程、现行政策、标准、规范等。

能力目标

能够对装配式混凝土项目进行简单评价。

素质目标

具有认真学习新工艺、新材料、新技术的能力。

任务介绍

北京市丰台区某地块定向安置房项目位于地块南侧至规划成寿寺西一号路，东、西及北侧；总用地面积 6691.2m²，拟建 4 栋 9～16 层装配式钢结构住宅，总建筑面积 31685.49m²，其中地上建筑面积 20055.49m²，地下建筑面积为 11630.00m²，绿地率 30%，容积率 3.0，现已经进入方案设计阶段，现有按照传统的现浇工法施工和应用装配式技术现场装配两种方案。通过对两种工法进行研究对比，确定最终方案。

任务分析

根据要求，分析装配式建筑的特点、发展历程与前景、国内现行政策、常见结构体系以及装配式建筑评价标准，与传统现浇工艺的建筑进行对比分析。

任务 1　装配式建筑特点

装配式混凝土建筑应遵循建筑全寿命期的可持续发展，装配式建筑的特征以标准化设计、工厂化生产、装配化施工、一体化装修、信息化管理、智能化应用为核心的"六化一体"的建造方式。装配式建筑即建筑工业化，在构件生产厂完成板、柱、梁等相关预制构配件的制作，然后将其运输到施工现场，并进行专业装配，实现建筑物拼接。

一、标准化设计

装配式混凝土建筑的设计与装修应遵循标准化设计和模数协调的原则，宜采用建筑信息化模型（BIM）技术与结构系统、外围护系统、设备管线系统进行一体化设计，验证建筑、设备、管线与装修零冲突。

二、工厂化生产（图 1-1）

采用模具生产方法，对装配式建筑外墙板进行生产，经喷涂、养护之后，使其更加美观。该过程中，以塑钢门窗应用为主，生产工艺先进，各类构件都实现了机械化生产。通过生产流水线的方式，完成石膏板、涂料等相关室内材料制作工艺。生产过程灵活，能够依据实际建筑需求，对材料保温、防火、隔声等性能进行调控。

图 1-1　工厂化生产

三、装配化施工

完成各类构件生产之后，将其运送到施工场地，由专业人员对其进行安装和拼接。与传统建筑工程施工相比，施工过程简单，缩减了不必要的施工工序，而且施工过程中的污染也相对较少。该过程中，不需要耗费大量的人力和物力资源，操作过程简便，满足节能减排要求。各工序安装过程严格，安装质量及精度要求高，能够减少浪费问题，以最少的资金创造出最大的工程价值。

四、一体化装修

当前，很多住宅楼承重墙比较多，开间较小，很难对房屋内部空间进行有效分隔，使其浪费严重。而装配式建筑对房屋的分割比较灵活，能够满足住户要求，使内部空间更加多样。该过程中，以轻质隔墙为主，使住宅内部更加灵活。将钢龙骨和石膏板作为轻质隔墙材料，使建筑内部设计不再僵化和死板。

五、信息化管理

装配式建筑要做到部品标准化、模块化、模数化，从而使测量数据与工厂智造协同，现场进度与工程配送协同。装配式建筑宜采用建筑信息模型（BIM）技术，实现全专业、全过程的信息化管理。基于 BIM 技术的全链条信息化管理，可实现设计、生产、施工、装修和运维的协同。

生产单位应具备保证产品质量要求的生产工艺设施、试验检测条件，建立完善的质量管理体系和制度，并建立质量可追溯的信息化管理系统。信息化管理系统与生产单位的生产工艺流程相匹配，贯穿整个生产过程，与构件 BIM 信息模型有接口，有利于在生产全过程中控制构件生产质量，精确算量，并形成生产全过程记录文件及影像。

六、智能化应用

与传统建筑相比，装配式建筑具备节能、隔声、防火、抗震优势，而且外观简单。其一，装配式建筑在外墙进行保温层设置，有助于实现能源节约，减少不必要的暖气及空调能耗。其二，通过保温层设置，使其具备较好的吸声功能，墙体与门窗之间没有太大空隙，有效避免外部噪声污染。其三，装配式建筑材料具备不燃性特征，能够规避火灾隐患。其四，因装配式建筑材料很轻，使其充分连接，可达到较好的抗震效果。其五，与传统建筑构造形式不同，装配式建筑外观简单，无变形、裂缝等问题。

拓展提高1

装配式建筑（图 1-2）

2016 年 2 月 6 日，国务院印发的《关于进一步加强城市规划建设管理工作的若干意见》中提出，发展新型建造方式，加大政策支持力度，力争用 10 年左右时间，使装配式建筑占新建建筑的比例达到 30%。随着相关政策标准的不断完善，作为建筑产业现代化重要载体的装配式建筑将进入新的发展时期。

在国家大力提倡节能减排的政策下，我国建筑产业现代化发展转型，积极推广绿色建筑和建材，大力发展钢结构和装配式建筑，提高建筑工程标准和质量。

装配式建筑是指把传统建造方式中的大量现场作业工作转移到工厂进行，在工厂加工制作好建筑用部品部件，如楼板、墙板、楼梯、阳台等，运输到建筑施工现场，通过可靠的链接方式在现场装配安装而成的建筑。装配式建筑主要包括装配式混凝土结构、装配式钢结构及现代木结构等建筑。装配式建筑采用标准化设计、工厂化生产、装配化施工、信息化管理、智能化应用，是现代工业化生产方式。大力发展装配式建筑，是落实中央城市工作会议精神的战略举措，是推进建筑业转型发展的重要方式。

因此，装配式建筑仅仅是推进建筑产业现代化的一个特征表现，或者说，仅仅是工业

3

图 1-2　装配式建筑

化生产方式的一种生产手段、一个有效的技术方法和路径，而不是建筑产业现代化的最终目的和全部。

　　发展装配式建筑是实施推进"创新驱动发展、经济转型升级"的重要举措，也是切实转变城市建设模式，建设资源节约型、环境友好型城市的现实需要。发展装配式建筑是推进新型建筑工业化的一个重要载体和抓手。要实现国家各地方政府目前既定的建筑节能减排目标，达到更高的节能减排水平、实现全寿命过程的低碳排放综合技术指标，是发展装配式建筑产业是一个有效途径。

　　随着现代工业技术的发展，建造房屋可以像机器生产那样，成批成套地制造。只要把预制好的房屋构件，运到工地装配起来即可。

　　装配式建筑在 20 世纪初就开始引起人们的兴趣，到 20 世纪 60 年代终于实现。英、法、苏联等国首先作了尝试。由于装配式建筑的建造速度快，而且生产成本较低，迅速在世界各地推广开来。

　　早期的装配式建筑外形比较呆板，千篇一律。后来人们在设计上做了改进，增加了灵活性和多样性，使装配式建筑不仅能够成批建造，而且样式丰富。有一种活动住宅，是比较先进的装配式建筑，每个住宅单元就像是一辆大型的拖车，只要用特殊的汽车把它拉到现场，再由起重机吊装到地板垫块上和预埋好的管道、电源、电话系统相接，就能使用。活动住宅内部有暖气、浴室、厨房、餐厅、卧室等设施。活动住宅既能独成一个单元，也能互相连接起来。根据装配式建筑当前发展，可将其主要特点和未来方向总结如下：

　　（1）大量的建筑部品由车间生产加工完成，构件种类主要有：外墙板，内墙板，叠合板，阳台，空调板，楼梯，预制梁，预制柱等。

　　（2）现场大量的装配作业，比原始现浇作业大大减少。

　　（3）采用建筑、装修一体化设计、施工，理想状态是装修可随主体施工同步进行。

　　（4）设计的标准化和管理的信息化，构件越标准，生产效率越高，相应的构件成本就会下降，配合工厂的数字化管理，整个装配式建筑的性价比会越来越高。

1-1　装配式产业园介绍

　　（5）符合绿色建筑和安全文明施工的要求。

任务 2　国内外装配式建筑发展史

子任务 1　装配式混凝土结构在国外的发展历史

装配式建筑在 20 世纪 20 年代初，一些国家首先做了尝试。第二次世界大战后，由于欧洲大陆的建筑遭受重创，劳动力资源短缺，为了加快住宅的建设速度，欧洲各国在住宅建设领域发展了装配式混凝土建筑。至 20 世纪 60 年代，装配式混凝土建筑得到大量推广，20 世纪 60 年代中期装配式混凝土住宅的比重占到了 18%～20%，之后占比随着住宅问题的逐步解决而下降。此比例在东欧等国直到 20 世纪 80 年代还在上升。

一、美国（完善标准，严格规范）

装配式混凝土住宅起源于 20 世纪 30 年代，1976 年美国国会通过了国家工业化住宅建造及安全法案，同年开始出台一系列严格的行业规范标准。1991 年美国 PCI（预制预应力混凝土协会）年会上提出将装配式混凝土建筑的发展作为美国建筑业发展的契机，由此带来装配式混凝土建筑在美国 20 年来长足的发展。目前，混凝土结构建筑中，装配式混凝土建筑的比例占到了 35% 左右，约有 30 多家专门生产单元式建筑的公司；在美国同一地点，相比用传统方式建造的同样房屋，只需花不到 50% 的费用就可以购买一栋装配式混凝土住宅。

二、日本（解决需求，以量取胜）

装配式建筑的研究是从 1955 年开始的，主要解决城市化过程中中低层收入人群的居住问题。20 世纪 60 年代中期，日本装配式混凝土住宅有了长足发展，预制混凝土构配件生产形成独立行业，住宅部品化供应发展很快。1973 年建立装配式混凝土住宅准入制度，标志着作为体系建筑的装配式混凝土住宅起步。从 20 世纪 50 年代后期至 80 年代后期，历时约 30 年，形成了若干种较为成熟的装配式混凝土住宅结构体系。到 2001 年，日本每年新竣工的装配式混凝土住宅约为 3000 万 m^2。

三、法国（通用部品，构造体系）

法国是世界上推行建筑工业化最早的国家之一，创立了第一代建筑工业化，以全装配大板及工具式模板现浇工艺为标志，建立了众多专用体系。随后又向发展通用构配件制品和设备为特征的第二代建筑工业化过渡。为了大力发展通用体系，1978 年法国住房部提出以推广"构造体系"作为向通用建筑体系过渡的一种手段。

发达国家和地区装配式混凝土住宅的发展大致经历了三个阶段。第一阶段，是装配式混凝土建筑形成的初期阶段，重点建立装配式混凝土建筑生产及建造的体系；第二阶段，是装配式混凝土建筑的发展阶段，逐步提高产品及住宅的质量和性价比；第三阶段，是装配式混凝土建筑发展的成熟期，进一步降低住宅的物耗和环境负荷，发展资源循环性住宅。

子任务2 装配式混凝土结构在国内的发展历史

一、起步阶段

我国装配式混凝土结构的应用起源于20世纪50年代。借鉴苏联的经验，在全国建筑生产企业推行标准化、工业化和机械化，发展预制构件和装配式建筑。较为典型的建筑体系有装配式单层工业厂房建筑体系、装配式多层框架建筑体系、装配式大板住宅建筑体系等。

二、过渡阶段

到20世纪80年代中叶，装配式建筑的应用达到全盛时期，全国许多地方都形成了设计、制作和施工安装一体化的装配式建筑建造模式。装配式建筑和采用预制空心楼板的砌体建筑成为两种最主要的建筑体系，应用普及率达70%以上。

20世纪80年代初期，建筑行业曾经开发了一系列新工艺，如大板体系、升板体系、预制装配式框架体系等。但在进行了这些有益的实践之后，受当时经济条件和技术水平的限制，上述装配式建筑的功能和物理性能等逐渐显露出缺陷和不足，我国有关装配式建筑的设计和施工技术的研发工作又没有跟上社会需求及技术的发展和变化，致使20世纪80年代末，装配式建筑开始迅速滑坡。究其原因，主要有以下几个方面：

（一）受设计概念的限制，结构体系追求全预制，尽量减少现场湿作业量，造成在建筑高度、建筑形式、建筑功能等方面有较大的局限；

（二）受到当时的经济条件制约，建筑机具设备和运输工具落后，运输道路狭窄，无法满足相应的工艺要求；

（三）受当时的材料和技术水平的限制，预制构件接缝和节点处理不当，引发渗、漏、裂、冷等问题，影响正常使用；

（四）施工监管不严，质量下降，造成节点构造处理不当，致使结构在地震中产生较多的破坏；

（五）20世纪80年代初期我国改革开放后，农村大量劳动者涌向城市，大量未经过专门技术训练的、价格低廉的农民工进入建筑业，从事劳动强度大、收入低的现场浇筑混凝土的施工工作，导致有一定技术难度的装配式结构，缺乏性价比的优势。

从20世纪60年代初到80年代中期，预制构件生产经历了研究、快速发展、使用、发展停滞等阶段，城市需求量不断加大，为了实现快速建设供应，借鉴苏联和欧洲其他国家预制装配式住宅的经验，开始了装配式混凝土大板房的建设，并迅速在北京、沈阳、南宁等城市进行推广，特别是北京市在短短10年内建设了2000万 m² 的装配式大板住宅，装配式结构在民用建筑领域掀起了一次高潮。

三、低潮阶段

由于当时国家经济还比较薄弱，基础性的保温、防水材料技术还比较缺乏而难以推广，并且所建房屋在保温隔热、隔声防水等性能方面普遍存在严重缺陷，技术标准发展没有跟上新的抗震要求，进一步影响了消费者的信心，其计划经济的经营特征无法满足市场变化的需求，装配式大板结构几乎全部迅速被市场淘汰。

四、新发展阶段

进入 21 世纪，我国经济发展水平和科技实力不断加强，各行各业的产业化程度不断提高，建筑房地产业得到长足发展，材料水平和装备水平足以支撑建筑生产方式的变革，我国的住宅产业化进入了一个新的发展时期，再加上受到劳动力人口红利逐渐消失的影响，建筑业的工业化转型迫在眉睫，但我国预制建筑行业已经停滞了将近 30 年，专业人才存在断档、技术沉淀几近消亡，众多企业和社会力量不得不投入大量人力、物力、财力进行建筑工业化研究，从引进技术到自主研发，不断积累探索，随着《装配式混凝土结构技术规程》JGJ 1—2014 的实施，我国建筑产业化发展开始重新起步，即将掀起又一次建筑工业化高潮。

各国装配式发展现状

一、国外装配式建筑的发展现状

由于各国资源条件、经济水平、劳动力状况、文化素质等差异，再加上地域特点和文化差异，其建筑产业化特点存在很大区别。

日本：日本是世界上率先在工厂里生产住宅的国家，早在 1968 年，"住宅产业"一词就在日本出现，住宅产业是随着住宅生产工业化的发展而出现的。标准化是推进住宅产业化的基础。

美国：美国物质技术较好，商品经济发达，且未出现过欧洲国家在第二次世界大战后曾遇到的房荒问题，因此美国很少提到"住宅产业化"，但他们的建筑业仍然是沿着工业化道路发展的，而且已达到较高水平。

德国：德国的装配式混凝土住宅主要采用叠合板、剪力墙结构体系，剪力墙板、梁、柱、楼板、内隔墙板、外挂板、阳台板等构件采用预制构件，耐久性较好。20 世纪末，德国在建筑节能方面提出了"3 升房"概念，非常节能环保。

二、国内装配式建筑的发展现状

自 20 世纪 90 年代以来，由于我国建筑业一直以现场浇筑施工为主，预制装配式建筑案例较少，因此熟悉预制构件生产与安装的技术和管理人才较少。同时，生产预制构件所需要的模具、设备、配件产品缺乏，难以支撑建筑产业化发展的需要，已经成为制约我国建筑产业化发展的主要因素。

为了满足建筑产业化发展的需求，很多企业不得不投入重金进行技术、产品的引进，在消化吸收国外先进经验的同时，加强自主研发创新，同时进行人才培养，并得到了各级政府建设行政主管部门的重视，协调大专院校和科研机构、设计单位、生产施工企业之间展开合作，共同进行技术和产品研发、人才培养，相关的产品标准和技术标准逐步建立，为建筑产业化的发展保驾护航。

经过十多年的积累发展，已经涌现了一批专门从事装配式建筑研究的企业，可以为开发商、设计单位、构件厂、施工单位提供技术和产品支持，其中较为成熟的技术和产品有灌浆套筒钢筋连接技术。"夹心三明治"保温墙板技术、预制构件专用预埋件产品等，缩短了与发达国家的差距。

装配式建筑领域，我国现行的工程建设标准可以按照不同方法进行分类。按照级别，可分为国家标准、行业标准、地方标准和协会标准；按照专业，可分为建筑领域、结构领域、设备领域等；按照用途，可以分为评价标准、设计标准、技术标准、施工验收标准、产品标准等。有些标准是专门针对装配式建筑，如《装配式混凝土结构技术规程》JGJ 1—2014，有些标准是有部分内容涉及装配式建筑，如《混凝土结构设计规范（2015 年版）》GB 50010—2010。

20 世纪 70～80 年代，特别在改革开放初期，在装配式结构的应用高潮时期，国家标准《预制混凝土构件质量检验评定标准》、行业标准《装配式大板居住建筑设计和施工规程》以及协会标准《钢筋混凝土装配整体式框架节点与连接设计规程》等相继出台。20 世纪 80 年代末至 21 世纪初，装配式结构在民间建筑中的应用处于低潮阶段。近几年来，随着国民经济的快速发展、工业化与城镇化进程的加快、劳动力成本的不断增长，我国在装配式结构方面的研究与应用逐渐升温，地方政府积极推进，企业积极响应，开展相关技术的研究与应用，并形成了良好的发展态势。特别是为了满足我国装配式结构工程应用的需求，组织编制和修订国家标准《装配式建筑评价标准》GB/T 51129—2017、行业标准《装配式混凝土结构技术规程》JGJ 1—2014、产品标准《钢筋连接用套筒灌浆料》JG/T 408—2019 等，北京、上海、深圳、辽宁、黑龙江、安徽、江苏、福建等省市也陆续编制了相关的地方标准。

如今随着改革深化和我国经济快速的发展，针对劳动力出现紧缺的情况，建筑行业与其他行业一样都在进行工业化技术改造，预制装配化建筑又开始焕发出新的生机。

任务 3 国内现行政策

为落实"创新、协调、绿色、开放、共享"的五大发展理念，建筑业作为国民经济的支柱产业，要切实贯彻新的发展理念，加大改革创新力度，从根本上改变传统的、落后的生产建造方式，加快推进产业转型升级，走可持续发展的道路。

发展新型建造模式，大力推广装配式建筑，是中央城市工作会议提出的任务，是贯彻"适用、经济、绿色、美观"的建筑方针、实施创新驱动战略、实现产业转型升级的必然选择，是推动建筑业在"十三五"和今后一个时期赢得新跨越、实现新发展的重要引擎。《中共中央国务院关于进一步加强城市规划建设管理工作的若干意见》提出，力争用 10 年左右时间，使装配式建筑占新建建筑的比例达到 30％。住房和城乡建设部已将推广装配式建筑作为落实中央城市工作会议精神的重大举措。

装配式建筑是对传统建造方式的根本改革。与传统施工方法相比，装配式建筑可以大大缩短建造工期，全面提升工程质量，在节能、节水、节材等方面效果非常显著，并且可以大幅度减少建筑垃圾和施工扬尘，更加有利于环境保护。装配式建筑以标准化设计、工厂化生产、装配化施工、一体化装修、信息化管理、智能化应用为主要特征，标准化是发展装配式建筑的基本前提和技术支撑。随着装配式建筑技术体系的快速发展，生产的社会化和规模化要求越来越高，技术难度和工程复杂程度也越来越大，标准化的地位和作用更加突出。在装配式建筑推广过程中，任何一项新的技术、材料、工艺、设备、部品部件，其科学性、先进性、适用性都需要以标准为依托。要通过标准的制定和实施，有效搭建设计、生产、施工、管理之间技术协同的桥梁，为推广装配式建筑打下坚实基础。

近年来，各地和有关单位研究编制的大量的标准，初步建立了我国装配式建筑的标准体系。但是，当前标准化工作中仍然存在一些突出问题：一是标准数量多，标准要求比较分散。国家、行业、地方等相关标准协调性差，使标准应用不系统、不方便，给执行标准造成了困难。二是标准实施不力。近年开展的工程质量治理行动中，通过检查发现的诸多问题都反映出标准化工作不重视、标准实施不到位的问题。三是对执行标准的监管还需加强。各地执行标准的尺度不一，监管的力度不同，实施效果千差万别，未能充分发挥标准的支撑和引领作用。

为切实解决这些问题，充分发挥标准化的积极作用，住房和城乡建设部组织开展了装配式建筑标准体系及应用实施指南课题研究，并委托中国建筑标准设计研究院牵头，组织有关科研、设计、施工和生产单位，编制形成了一套完整的《装配式建筑系列标准应用实施指南》。旨在为装配式建筑相关标准的实施提供权威指导，并为标准实施的监督检查提供重要参考。

发展装配式建筑是建设行业意义深远的重大变革，标准化是引领这场变革的重要技术支撑。各地、各有关单位要认真抓好装配式建筑系列标准的落地实施和有效监管，进一步发挥标准化的技术保障作用，加快推进产业转型升级，为建设行业的改革发展贡献力量。

大力推行装配式建筑，减少建筑垃圾和扬尘污染，缩短建造工期，提升工程质量，是国务院加强城市规划管理工作的重点，同时又是建筑业调结构、促改革，以及建筑企业转型升级的重要内容。2015 年，住房和城乡建设部标准定额司主管的三个科研课题"装配式建筑系列标准应用实施指南（钢结构、预制装配式混凝土结构、木结构）"的研发是发展装配式建筑必不可少的一项研究，也是为了进一步推进和发展装配式建筑这种新型建造方式的标准实施和技术指导的一件大事，这是国内首次从装配式建筑技术需求角度全面梳理现行有关标准、系统解决标准实施中需要协调、配套的有关问题，从而为用 10 年左右时间使装配式建筑占新建建筑的比例达到 30％做好标准方面的准备。

任务4　装配式结构体系介绍

子任务 1　装配式混凝土结构建筑

装配式混凝土结构是由预制混凝土构件通过可靠的连接方式装配而成的混凝土结构。全部由预制构件装配形成的混凝土结构，称作全装配混凝土结构。由预制混凝土构件通过可靠的方式进行连接并与现场后浇混凝土、水泥基灌浆料形成整体的装配式混凝土结构，称作装配整体式混凝土结构。根据结构形式和预制方案，大致可将装整体式混凝土结构分为装配整体式框架结构、装配整体式框架-现浇剪力墙结构、装配整体式剪力墙结构、预制叠合剪力墙结构等，并构成装配式混凝土结构体系。

目前我国应用最多的装配式混凝土结构体系是装配整体式混凝土剪力墙结构，装配整体式混凝土框架结构也有一定的应用，装配整体式混凝土框架结构-剪力墙结构有少量应用。

一、装配整体式混凝土剪力墙结构（图1-3）

新型的装配式混凝土建筑发展是从装配式混凝土住宅开始的，剪力墙结构无梁、柱外露，深受住宅用户的认可。近年来装配整体式混凝土剪力墙结构住宅在国内发展迅速，得到大量的应用，目前国内已经有大量工程实践。装配整体式混凝土剪力墙结构主要做法有以下三种：

（一）部分或全部预制剪力墙承重体系

通过竖缝节点区后浇混凝土和水平缝节点区后浇混凝土带或圈梁实现结构的整体连接。竖向受力钢筋采用套筒灌浆、浆锚搭接等连接技术进行连接。北方地区外墙板一般采用夹心保温墙板，它由内叶墙板、夹心保温层、外叶墙板三部分组成，内叶墙板和外叶墙板之间通过拉结件连系，可实现外装修、保温、承重一体化。

（二）叠合式剪力墙

将剪力墙从厚度方向划分为三层，内外两层预制，通过桁架钢筋连接，中间现浇混凝土；墙板竖向分布钢筋和水平分布钢筋通过附加钢筋实现间接搭接。

（三）预制剪力墙外墙模板

即剪力墙通过预制的混凝土外墙模板和现浇部分形成，其中预制外墙模板设桁架钢筋与现浇部分连接，可部分参与结构受力。

图1-3　沈阳万科春河里（装配整体式混凝土剪力墙结构）

二、装配整体式混凝土框架结构（图1-4）

框架结构是指由梁和柱构成承重体系的结构，即由梁和柱组成框架共同抵抗使用过程中出现的水平荷载和竖向荷载，结构中的墙体不承重，仅起到围护和分隔的作用。如整栋房屋均采用这种结构形式，则称为框架结构体系或框架结构房屋。框架的主要传力结构有板、梁、柱。全部或部分框架梁、柱采用预制构件构成的装配式混凝土结构，称作装配整体式混凝土框架结构，简称装配整体式框架结构。

装配整体式混凝土框架结构体系主要参考了日本和我国台湾地区的技术,柱竖向受力钢筋采用套筒灌浆技术进行连接,主要做法分为两种:

(1)节点区域预制,或梁柱节点区域和周边部分构件一并预制。这种做法将框架结构施工中最为复杂的节点部分在工厂进行预制,避免了节点区各个方向钢筋交叉避让的问题,但要求构件精度较高,且预制构件尺寸比较大,运输比较困难;

(2)梁、柱各自预制为线性构件,节点区域现浇。这种做法的预制构件非常规整,但节点区域钢筋相互交叉现象比较严重,这也是该做法需要考虑的最为关键的环节。该种做法目前应用较为广泛。

图 1-4　万科南京上坊项目(装配整体式混凝土框架结构)

三、装配整体式混凝土框架-现浇剪力墙结构

装配整体式混凝土框架-现浇剪力墙结构体系以预制装配框架柱为主,并布置一定数量的现浇剪力墙,通过水平刚度很大的楼盖将二者联系在一起共同抵抗水平荷载。这种结构形式称作装配整体式框架-现浇剪力墙结构。

装配整体式框架-现浇剪力墙结构特点是:在水平荷载作用下,框架与剪力墙通过楼盖形成框架-剪力墙结构时,各层楼盖因其巨大的水平刚度使框架与剪力墙的变形协调一致,因而其侧向变形介于弯曲型与剪力型之间(图 1-5)。

四、外挂墙板体系 (图 1-6)

近年来,许多公司尝试在常规结构体系不变的情况下,局部采用预制混凝土构件改良原有结构体系施工性能和结构的耐久性,外挂墙板体系应运而生。外挂墙板有多种类型,包括梁式外挂板、柱式外挂板和墙式外挂板。它们之间的区别主要在于挂板在建筑中所处的位置不同,因此导致设计计算和连接节点的许多不同。鉴于我国对各种外挂墙板所做的研究工作和工程实践经验都比较少,因此目前仅推荐墙式外挂板,即非承重的、作为围护结构使用的、仅跨越一个层高和开间的外挂墙板。

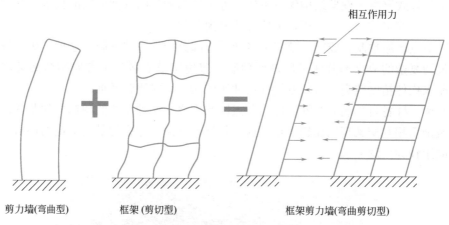

剪力墙(弯曲型)　　　框架(剪切型)　　　框架剪力墙(弯曲剪切型)

图 1-5　侧向力作用下框架剪力墙结构的变形

图 1-6　深圳第五园万科公寓楼（外挂墙板体系）

五、装配式体式部分框支剪力墙结构

由于剪力墙结构的平面局限性，有时将墙的下部做成框架，形成框支剪力墙，框支层的空间加大，扩大了使用功能。将底部一层或多层做成部分框支剪力墙和部分落地剪力墙的结构形式，称为部分框支剪力墙结构。转换层以上的全部或部分剪力墙采用预制墙板，称为装配整体式部分框支剪力墙结构。可应用于底部带商业的多高层公寓住宅、旅店等。

子任务 2　钢结构建筑

钢结构是主要由钢制材料组成的结构，是主要的建筑结构类型之一。钢结构主要由型钢和钢板等制成的钢梁、钢柱等构件组成，各构件或部件之间通常采用焊缝，螺栓连接。由于其强度较高且施工简便，因此广泛应用于大型厂房、场馆、超高层等领域。钢结构建筑是建筑工业化最好的诠释，是目前最为安全、可靠的装配式建筑。

钢结构建筑的常见结构形式种类繁多，主要有多高层钢结构、大跨度钢结构、门式刚架轻型房屋钢结构和低层冷弯薄壁型钢结构等。

一、多高层钢结构

（1）钢框架结构：是采用钢梁和钢柱形成框架作为抗侧力体系的结构形式。钢框架结构基本的组成构件是钢柱、钢梁、混凝土板等。一般情况下，楼盖采用叠合楼板。

（2）钢框架-支撑结构：是由钢框架及钢支撑作为抗侧力体系的结构形式。钢框架结构基本的组成构件为钢柱、钢梁、钢支撑、混凝土板等。一般情况下，楼盖采用叠合楼板。

（3）钢框架-剪力墙结构：是由钢框架及钢板剪力墙作为抗侧力体系的结构形式。钢框架-剪力墙结构基本的组成构件为钢柱、钢梁、钢板剪力墙、混凝土板等。一般情况下，楼盖采用叠合楼板。

二、大跨度钢结构

大跨度钢结构主要是指空间钢结构体系。空间钢结构常见的结构形式主要有网架结构（图 1-7）、网壳结构（图 1-8）、悬索结构（图 1-9）、膜结构（图 1-10）等。

图 1-7　网架结构

图 1-8　网壳结构（深圳湾体育中心）

图 1-9　悬索结构（石家庄国际会展中心）

图 1-10　膜结构（某体育场看台）

三、门式刚架轻型房屋钢结构（图 1-11）

门式刚架轻型房屋钢结构主要由门式刚架、屋盖体系、屋面支撑体系和柱间支撑体系等组成。门式刚架结构横向抗侧力体系为钢梁及钢柱组成的门式刚架，纵向侧力体系为柱间支撑体系。根据跨度、高度和荷载的不同，门式刚架的梁、柱均可采用变截面或等截面的实腹式焊接工字钢或轧制 H 型钢。屋面为轻型屋面，可采用双坡或单坡排水。轻型门式刚架结构特点：重量轻、强度高；工业化程度高，施工周期短；结构布置灵活，综合经济效益高；可回收再利用，符合可持续发展要求。

1-2　装配式钢结构案例

图 1-11　门式刚架轻型房屋钢结构

子任务 3　木结构建筑

木结构建筑为用木材组成的建筑。木材是一种取材容易、加工简便的结构材料。木结构自重较轻，抗震性能好，木构件便于运输、装拆，能多次使用，在古代被广泛用于房屋建筑中，也是天然的装配式建筑形式。中国建筑源远流长，有深厚的历史文化底蕴，留下了大量的木结构建筑（图 1-12）。我国形成了以榫卯技术为特点的木结构框架体系，如悬臂梁结构、拱结构、悬索结构，从皇家宫殿、宗教寺庙到民居民宅形成了完整的建筑特点及结构技术体系。

现代木结构建筑按构件材料类型和结构形式的不同，可分为轻型木结构、梁柱结构、原木结构和混合结构几种类型。

一、轻型木结构

轻型木结构是指主要采用规格材及木基结构板或石膏板制作的木构架墙体、木楼盖和木屋盖系统构成单层或多层建筑结构体系。轻木房屋大多采用夹心墙，内部填充岩棉或玻璃纤维棉，隔声隔热效果优于传统的砖混砌体结构。构件之间的连接可采用钉连接、螺栓连接、齿槽连接或专用金属件连接等，可建造住宅建筑、商业建筑、学校等。

二、梁柱结构

梁柱结构是指承重构件主要采用层板胶合木构件制作的单层或多层建筑结构。房屋墙

15

体可以采用轻型木结构、玻璃幕墙、砌体墙以及其他结构形式。构件之间主要通过螺栓、销钉以及各种金属件连接，多用于单层工业建筑和多种使用功能的体育场馆和展览建筑。

三、原木结构

原木结构是指承重构件主要采用规格及形状统一的方木、圆木或胶合木叠合制作，形成集承重结构与围护体系于一体的单层或多层建筑结构。其承重墙基本是用一根根经过工厂加工过的实木堆砌起来，保持传统木结构优势，有优良的气密、水密、保温、保湿、隔声、阻燃等性能，能调节室内湿度，适用于住宅、度假村、医院、疗养院、养老院等建筑类型。

四、混合结构

混合结构是指由木结构和其他材料（如钢、钢筋混凝土或砌体等）构件共同组成的受力结构体系。木结构与钢筋混凝土结构可通过预埋在混凝土中的螺栓和抗拔连接件连接，实现结构中轴力、剪力和弯矩的传递。首层使用钢筋混凝土结构或砌体结构，可获得较强的承载力和隔湿防潮作用。混合结构能充分发挥各类材料的优势，实现更强的实用性。

图 1-12　木结构（五台山南禅寺）

任务5　装配式建筑评价标准

一、民用建筑装配化程度评价基本规定

装配率计算和装配式建筑等级评价应以单体建筑作为计算和评价单元，并应符合下列规定：

（1）单体建筑应按项目规划批准文件的建筑编号确认；

（2）建筑由主楼和裙房组成时，主楼和裙房可按不同的单体建筑进行计算和评价；

（3）单体建筑的层数不大于3层，且地上建筑面积不超过500㎡时，可由多个单体建筑组成建筑团作为计算和评价单元。

装配式建筑应同时满足下列要求：

（1）主体结构部分的评价分值不低于 20 分；

（2）围护墙和内隔墙部分的评价分值不低于 10 分；

（3）采用全装修；

（4）装配率不低于 50%。

装配式建筑宜采用装配化装修。

二、装配率计算方法

（一）装配率计算

装配率应根据表 1-1 中评价项得分值，按下式计算：

$$P=（Q_1+Q_2+Q_3）/（100-Q_4）\times100\%　　　　（1-1）$$

式中：P——装配率；

Q_1——主体结构指标实际得分值；

Q_2——围护墙和内隔墙指标实际得分值；

Q_3——装修与设备管线指标实际得分值；

Q_4——评价项目中缺少的评价项分值总和。

装配式建筑评分表　　　　　　　　　　　　　　表 1-1

评价项		评价要求	评价分值	最低分值
主体结构 （50分）	柱、支撑、承重墙、延性墙板等竖向构件	35%≤比例≤80%	20～30*	20
	梁、板、楼梯、阳台、空调板等构件	70%≤比例≤80%	10～20*	
围护墙和内隔墙 （20分）	非承重围护墙非砌筑	比例≥50%	5	10
	围护墙与保温、隔热、装饰一体化	50%≤比例≤80%	2～5*	
	内隔墙非砌筑	比例≥50%	5	
	内隔墙与管线、装修一体化	50%≤比例≤80%	2～5*	
装修和设备管线 （30分）	全装修	—	6	6
	干式工法楼面、地面	比例≥70%	6	—
	集成厨房	70%≤比例≤90%	3～6*	
	集成卫生间	70%≤比例≤90%	3～6*	
	管线分离	50%≤比例≤70%	4～6*	

注：表中带"＊"项的分值采用"内插法"计算，计算结果取小数点后 1 位。

（二）柱、支撑、承重墙、延性墙板等主体结构竖向构件应用比例计算

柱、支撑、承重墙、延性墙板等主体结构竖向构件主要采用混凝土材料时，预制部品部件的应用比例应按式（1-2）计算：

$$q_{1a}=V_{1a}/V\times100\%　　　　（1-2）$$

式中：q_{1a}——柱、支撑、承重墙、延性墙板等主体结构竖向构件中预制部品部件的应用比例；

V_{1a}——柱、支撑、承重墙、延性墙板等主体结构竖向构件中预制部品部件中预制混凝土体积之和；

V——柱、支撑、承重墙、延性墙板等主体结构竖向构件混凝土总体积。

当符合下列规定时，主体结构竖向构件间连接部分的后浇混凝土可计入预制混凝土体积计算：

（1）预制剪力墙墙板之间宽度不大于 600mm 的竖向现浇段和高度不大于 300mm 的水平后浇带、圈梁的后浇混凝土体积；

（2）预制框架柱框架梁之间柱梁节点的后浇混凝土体积；

（3）预制柱间高度不大于柱截面较小尺寸的连接区后浇混凝土体积。

（三）梁、板、楼梯、阳台、空调板等构件应用比例计算

梁、板、楼梯、阳台、空调板等构件中预制部品部件的应用比例应按式（1-3）计算：

$$q_{1b} = A_{1b}/A \times 100\%$$ （1-3）

式中：q_{1b}——梁、板、楼梯、阳台、空调板等构件中预制部品部件的应用比例；

A_{1b}——各楼层中预制装配梁、板、楼梯、阳台、空调板等构件的水平投影面积之和；

A——各楼层建筑平面总面积。

预制装配式楼板、屋面板的水平投影面积可包括：

（1）预制装配式叠合楼板、屋面板的水平投影面积；

（2）预制构件间宽度不大于 300mm 的后浇混凝土带水平投影面积；

（3）金属楼承板和屋面板、木楼盖和屋盖及其他在施工现场免支模的楼盖和屋盖的水平投影面积。

（四）非承重围护墙中非砌筑墙体应用比例

非承重围护墙中非砌筑墙体应用比例应按式（1-4）计算：

$$q_{2a} = A_{2a}/A_{w1} \times 100\%$$ （1-4）

式中：q_{2a}——非承重围护墙中非砌筑墙体的应用比例；

A_{2a}——各楼层非承重围护墙中非砌筑墙体的外表面积之和，计算时可不扣除门、窗及预留洞口等的面积；

A_{w1}——各楼层非承重围护墙外表面总面积，计算时可不扣除门、窗及预留洞口等的面积。

（五）围护墙采用墙体、保温、隔热、装饰一体化的应用比例

围护墙采用墙体、保温、隔热、装饰一体化的应用比例应按式（1-5）计算：

$$q_{2b} = A_{2b}/A_{w2} \times 100\%$$ （1-5）

式中：q_{2b}——围护墙采用墙体、保温、隔热、装饰一体化的应用比例；

A_{2b}——各楼层围护墙采用墙体、保温、隔热、装饰一体化的墙面外表面积之和，计算时可不扣除门、窗及预留洞口等的面积；

A_{w2}——各楼层围护墙外表面总面积，计算时可不扣除门、窗及预留洞口等的面积。

（六）内隔墙中非砌筑墙体的应用比例

内隔墙中非砌筑墙体的应用比例应按式（1-6）计算：

$$q_{2c} = A_{2c}/A_{w3} \times 100\%$$ （1-6）

式中：q_{2c}——内隔墙中非砌筑墙体的应用比例；

A_{2c}——各楼层内隔墙中非砌筑墙体的墙面面积之和，计算时可不扣除门、窗及预留洞口等的面积；

A_{w3}——各楼层内隔墙墙面总面积，计算时可不扣除门、窗及预留洞口等的面积。

（七）内隔墙采用墙体、管线、装修一体化的应用比例

内隔墙采用墙体、管线、装修一体化的应用比例应按式（1-7）计算：

$$q_{2d} = A_{2d}/A_{w3} \times 100\% \tag{1-7}$$

式中：q_{2d}——内隔墙采用墙体、管线、装修一体化的应用比例；

A_{2d}——各楼层内隔墙采用墙体、管线、装修一体化的墙面面积之和，计算时可不扣除门、窗及预留洞口等的面积。

（八）干式工法楼面、地面的应用比例

干式工法楼面、地面的应用比例应按式（1-8）计算：

$$q_{3a} = A_{3a}/A \times 100\% \tag{1-8}$$

式中：q_{3a}——干式工法楼面、地面的应用比例；

A_{3a}——各楼层采用干式工法楼面、地面的水平投影面积之和。

（九）集成厨房干式工法应用比例

集成厨房的橱柜和厨房设备等应全部安装到位。墙面、顶面和地面中干式工法的应用比例应按式（1-9）计算：

$$q_{3b} = A_{3b}/A_k \times 100\% \tag{1-9}$$

式中：q_{3b}——集成厨房干式工法的应用比例；

A_{3b}——各楼层厨房墙面、顶面和地面采用干式工法的面积之和；

A_k——各楼层厨房的墙面、顶面和地面的总面积。

（十）集成卫生间干式工法应用比例

集成卫生间的洁具设备等应全部安装到位。墙面、顶面和地面中干式工法的应用比例应按式（1-10）计算：

$$q_{3c} = A_{3c}/A_b \times 100\% \tag{1-10}$$

式中：q_{3c}——集成卫生间干式工法的应用比例；

A_{3c}——各楼层卫生间墙面、顶面和地面采用干式工法的面积之和；

A_b——各楼层卫生间墙面、顶面和地面的总面积。

（十一）管线分离比例

管线分离比例应按式（1-11）计算：

$$q_{3d} = L_{3d}/L \times 100\% \tag{1-11}$$

式中：q_{3d}——管线分离比例；

L_{3d}——各楼层管线分离的长度，包括裸露于室内空间以及敷设在地面架空层、非承重墙体空腔和吊顶内的电气、给水排水和采暖管线长度之和；

L——各楼层电气、给水排水和采暖管线的总长度。

三、评价等级划分

当评价项目满足本任务中对装配式建筑的四点基本要求且主体结构竖向构件中预制部品部件的应用比例不低于35％时，可进行装配式建筑等级评价。

装配式建筑评价等级应划分为 A 级、AA 级、AAA 级，并应符合下列规定：

（1）装配率达到 60％～75％时，评价为 A 级装配式建筑；

（2）装配率达到 76％～90％时，评价为 AA 级装配式建筑；

（3）装配率达到 91％及以上时，评价为 AAA 级装配式建筑。

本节介绍的装配式建筑评价标准，适用于民用建筑的装配化程度评价，工业建筑的装配化程度评价参照执行。这里提到的民用建筑，包括居住建筑和公共建筑。装配式建筑评价除符合本节介绍的标准外，尚应符合国家现行有关标准的规定。

拓展提高3

名词解释

一、装配率

单体建筑室外地坪以上的主体结构、围护墙和内隔墙、装修和设备管线等采用预制部品部件的综合比例。

二、全装修

建筑功能空间的固定面装修和设备设施安装全部完成，达到建筑使用功能和性能的基本要求。

三、干式工法

采用干作业施工的建造方法。

四、集成厨房

地面、吊顶、墙面、橱柜、厨房设备及管线等通过设计集成、工厂生产，在工地主要采用干式工法装配而成的厨房。

五、集成卫生间

地面、吊顶、墙面和洁具设备及管线等通过设计集成、工厂生产，在工地主要采用干式工法装配而成的卫生间。

六、管线分离

将设备与管线设置在结构系统之外的方式。

【课后习题】

一、问答题

1. 装配式混凝土建筑"六化一体"建造方式的核心特征是什么？

2. 装配式建筑根据主体结构的材料不同，可分为哪几类？

3. 装配式混凝土结构在国内的发展经过了哪几个阶段？

4. 何为全装配式混凝土结构？何为装配整体式混凝土结构？

5. 钢结构建筑的常见结构形式有哪些？

6. 什么是装配率？

1-3 课后习题答案

二、计算题

1. 某民用建筑工程项目根据《装配式建筑评价标准》GB/T 51129—2017 评分表计算可得：主体结构指标实际得分值为 40 分；围护墙和内隔墙指标实际得分值为 15 分；装修

与设备管线指标实际得分值 18 分，采用全装修；Q4 评价项目中缺少的评价项分值总和为 0 分，请计算装配率 P。

2. 回答该工程是否为能认定为装配式建筑。

3. 若主体结构竖向构件中预制部品部件应用比率为 70%，请进行装配式建筑等级评价。

Chapter 02

单元 2
装配式混凝土结构设计原则

知识目标

了解装配式混凝土结构基本设计原则和要求。

能力目标

能够对装配式混凝土结构的建筑设计和结构设计的合理性进行分析。

素质目标

具有拓展思维、创新发展的能力，并以此推进装配式混凝土结构的抗震和防水性能的完善。

任务介绍

某项目包括 6 栋装配整体式剪力墙结构住宅楼，总建筑面积 73110.6m²，其中 1 号、2 号、5 号、6 号楼结构相同，建筑面积分别为 13980.2m²，3 号与 4 号楼结构相同，建筑面积分别为 8594.9m²。采用装配整体式剪力墙结构体系，地上 2 层及以下部分按照传统现浇工法施工混凝土剪力墙结构。竖向构件中，内墙采用预制轻质混凝土墙板与预制剪力墙，外墙采用预制夹芯保温外墙板；水平构件中，采用桁架叠合板、叠合梁，楼梯采用预制楼梯、预制空调板、预制整体阳台。构件之间的节点，采用铝合金模板安装加固，现场二次浇筑混凝土，楼板连接区也采用现场浇筑混凝土形成整体。

任务分析

根据要求，分析装配整体式混凝土剪力墙结构的常见构件类型、集成设计与构件拆分原则、围护构件间密封构造的方法与改进措施等，与传统现浇工艺的混凝土结构建筑进行对比分析，研究提高装配率与实现绿色节能的有效手段。

任务 1 装配式建筑设计基本要求

装配式建筑的设计与构造应该按照适用、经济、安全、绿色、美观的要求，全面提高混凝土建筑建设的环境效益、社会效益和经济效益，从而规范我国装配式混凝土建筑技术发展。装配式混凝土建筑应遵循建筑全寿命期的可持续性原则，将结构系统、外围护系统、设备与管线系统、内装系统集成，进行标准化设计、工厂化生产、装配化施工、一体化装修、信息化管理和智能化应用，实现建筑功能完整、性能优良的建设目标。

所谓协同设计，是指装配式建筑设计中通过建筑、结构、设备、装修等专业相互配合，并运用信息化技术手段满足建筑设计、生产运输、施工安装等要求的一体化设计。协同设计是装配式建筑合理设计的根本要求，也是构件顺利制作与安装的必要条件。

狭义上的装配式混凝土结构，项目实施者更多地关注结构构件、外围护系统的拆分，即由结构构件通过可靠的连接方式装配而成，以承受或传递荷载作用；将建筑外墙、屋面、外门窗及其他部品部件等组合而成，用于分隔建筑室内外环境。而建筑物除了满足安全性和分割空间的要求以外，还要实现其使用功能：一是由给水排水、供暖通风空调、电气和智能化、燃气等设备与管线组合而成的使用功能整体，是非常重要的环节；二是由楼地面、墙面、轻质隔墙、吊顶、内门窗、厨房和卫生间组合而成的装饰装修内容，也是实现建筑物设计目标的关键。在装配式混凝土建筑的正向设计中，应将上述环节做好融合，协同设计通俗来讲就是处理好各部分设计中的交叉内容，使得整体设计更趋合理与完善。优质合理的协同设计能指导工厂或现场预制作完成结构系统构件、外围护系统、设备与管线系统、内装系统，形成建筑单一产品或复合产品组装的功能单元。

装配式建筑是一个完整的具有一定功能的建筑产品，是一个系统工程。过去那种只提供结构和建筑围护的"毛坯房"，或者只有主体结构预制装配，没有内装一体化集成的建筑，都不能称为真正意义上的"装配式建筑"。

子任务 1 装配式混凝土结构的建筑设计

一、集成设计的基本理念

装配式混凝土建筑应模数协调，采用模块组合的标准化设计，将结构系统、外围护系统、设备与管线系统和内装系统进行集成。按照集成设计原则，将建筑、结构、给水排水、暖通空调、电气、智能化和燃气等专业之间进行协同设计。装配式混凝土建筑设计宜采用建筑信息模型（BIM）技术，实现全专业、全过程的信息化管理，建立信息化协同平台，采用标准化的功能模块、部品部件等信息库，统一编码、统一规则，全专业共享数据信息，实现建设全过程的管理和控制；同时应满足建筑全寿命期的使用维护要求，宜采用管线分离的方式（CSI住宅体系）满足国家现行标准有关防火、防水、保温、隔热及隔声等要求，采用智能化技术，提升建筑使用的安全、便利、舒适和环保等性能。

二、模数协调

装配式混凝土建筑设计应采用模数来协调结构构件、内装部品、设备与管线之间的尺寸关系。模数协调是建筑部品部件实现通用性和互换性的基本原则，使规格化、通用化的部品部件适用于常规的各类建筑，满足各种要求。这样才可以做到部品部件设计、生产和安装等相互间尺寸协调，减少和优化各部品部件的种类和尺寸。而大量的规格化、定型化部品部件的生产可稳定质量，降低成本。通用化部件所具有的互换能力，可促进市场的竞争和生产水平的提高。

装配式建筑采用建筑通用体系是实现建筑工业化的前提，标准化、模块化设计是满足部品部件工业化生产的必要条件，以实现批量化的生产和建造。装配式建筑应以少规格多组合的原则进行设计，结构构件和内装部品的规格种类越少，其经济性就越可观，也可以较好的控制构件成品质量，利于组织生产与施工安装。而规格减少并不意味着单一、乏味的建筑风格，其建筑平面和外立面可通过组合方式以及立面材料色彩搭配等方式实现多样化。

装配式混凝土建筑的开间与柱距、进深与跨度、门窗洞口宽度等宜采用水平扩大模数数列 $2n\text{M}$、$3n\text{M}$（n 为自然数）；层高和门窗洞口高度等宜采用竖向扩大模数数列 $n\text{M}$；梁、柱、墙等部件的截面尺寸宜采用竖向扩大模数数列 $n\text{M}$；构造节点和部件的接口尺寸宜采用分模数数列 $n\text{M}/2$、$n\text{M}/5$、$n\text{M}/10$。

结构构件采用扩大模数系列，可优化和减少预制构件种类。形成通用性强、系列化尺寸的开间、进深和层高等结构构件尺寸。装配式混凝土建筑内装系统中的装配式隔墙、整体收纳空间和管道井等单元模块化部品宜采用基本模数，也可插入分模数数列 $n\text{M}/2$ 或 $n\text{M}/5$ 进行调整。

装配式混凝土建筑的开间、进深、层高、洞口等优先尺寸应根据建筑类型、使用功能、部品部件生产与装配要求等确定。常用优选尺寸见表2-1～表2-4。

集成式厨房的优选尺寸（mm）   表 2-1

厨房家具布置形式	厨房最小净宽度	厨房最小净长度
单排型	1500(1600)/2000	3000
双排型	2200/2700	2700
L形	1600/2700	2700
U形	1900/2100	2700
壁柜型	700	2100

集成式卫生间的优选尺寸（mm）   表 2-2

卫生间平面布置形式	卫生间最小净宽度	卫生间最小净长度
单设便器卫生间	900	1600
设便器、洗面器两件洁具	1500	1550
设便器、洗浴器两件洁具	1600	1800
设三件洁具(喷淋)	1650	2050
设三件洁具(浴缸)	1750	2450
设三件洁具无障碍卫生间	1950	2550

楼梯的优选尺寸（mm）　　　　　　　　　　　　　表 2-3

楼梯类别	踏步最小宽度	踏步最大高度
共用楼梯	260	175
服务楼梯，住宅套内楼梯	220	200

门窗洞口的优选尺寸（mm）　　　　　　　　　　　　表 2-4

类别	最小洞宽	最小洞高	最大洞宽	最大洞高
门洞口	700	1500	2400	2300（2200）
窗洞口	600	600	2400	2300（2200）

装配式混凝土建筑的定位宜采用中心定位法与界面定位法相结合的方法。对于部件的水平定位宜采用中心定位法，部件的竖向定位和部品的定位宜采用界面定位法。

对于框架结构体系，宜采用中心定位法。框架结构柱子间设置的分户墙和分室隔墙，一般宜采用中心定位法；当隔墙的一侧或两侧要求模数空间时宜采用界面定位法。

住宅建筑集成式厨房和集成式卫生间的内装部品（厨具橱柜、洁具、固定家具等）、公共建筑的集成式隔断空间、模块化吊顶空间等，宜采用界面定位方式，以净尺寸控制模数化空间；其他空间的部品可采用中心定位来控制。

门窗、栏杆、百叶等外围护部品，应采用模数化的工业产品，并与门窗洞口、预埋节点等的模数规则相协调，宜采用界面定位方式。

装配式建筑应严格控制预制构件、预制与现浇构件之间的建筑公差。其部品部件尺寸及安装位置的公差协调应根据生产装配要求、主体结构层间变形、密封材料变形能力、材料干缩、温差变形、施工误差等确定。接缝的宽度应充分考虑上述影响，防止接缝漏水等质量事故发生。

实施模数协调的工作是一个渐进的过程，对重要的部件，以及影响面较大的部位可先期运行，如门窗、厨房、卫生间等。重要的部件和组合件应优先推行规格化、通用化。

三、标准化、模块化设计

装配式混凝土建筑应采用模块及模块组合的设计方法，遵循少规格、多组合的原则。公共建筑应采用楼电梯、公共卫生间、公共管井、基本单元等模块进行组合设计；住宅建筑应采用楼电梯、公共管井、集成式厨房、集成式卫生间等模块进行组合设计；其部品部件应采用标准化接口。

模块化是标准化设计的一种方法。模块化设计应满足模数协调的要求，通过模数化和模块化的设计为工厂化生产和装配化施工创造条件。模块应进行精细化、系列化设计，关联模块间应具备一定的逻辑及衍生关系，并预留统一的接口，模块之间可采用刚性连接或柔性连接。刚性连接模块的连接边或连接面的几何尺寸、开口应吻合，采用相同的材料和部品部件进行直接连接，属于硬性连接，相同的材料有助于变形协调；无法进行直接连接的模块可采用柔性连接方式进行间接相连，柔性连接的部分应牢固可靠，可适应连接部位的变形，实现柔性过渡，在此基础上对连接方式、节点进行详细设计。

四、装配式混凝土建筑平面与立面设计

装配式建筑设计应重视其平面、立面和剖面的规则性，宜优先选用规则的形体，使之便于工厂化、集约化生产加工，提高工程质量，并降低工程造价；同时，为了达到结构主体的百年设计目标，为使用提供适当的灵活性，满足居住需求的变化，采用大空间的平面，合理布置承重墙及管井位置是合理的设计思路。在装配式住宅建筑中采用这种平面布局方式不但有利于结构布置，而且可减少预制楼板的类型。但在设计时不可忽视基于实际的构件运输及吊装能力，以免构件尺寸过大导致运输及吊装困难。

装配式混凝土建筑的平面设计应采用大开间大进深、空间灵活可变的布置方式；承重构件应上下对齐贯通，外墙洞口宜规整有序，其平面位置和尺寸满足结构受力及预制构件设计要求，剪力墙结构中不宜采用转角窗，设备与管线宜集中设置，并应进行管线综合设计。装配式混凝土建筑立面设计应做到外墙、阳台板、空调板、外窗、遮阳设施及装饰等部品部件标准化设计；通过建筑体量、材质肌理、色彩变化、单元组合、阳台交错等措施形成丰富多样的立面效果，预制混凝土外墙的装饰面层宜采用清水混凝土、彩色装饰混凝土、免抹灰涂料和装饰构件等耐久性强、不易污染的建筑材料。若采用反打一次成型的饰面材料，为了保证其安全稳定，前期应对其规格尺寸、材料性质、连接构造方法进行工艺实验论证，方可投入构件生产和安装。

装配式混凝土建筑的层高和净高设计，应根据建筑功能、主体结构、设备管线及装修等要求确定，并使之满足《民用建筑设计统一标准》GB 50352—2019 的相关要求。

子任务 2 集成设计要求与典型建筑构造

装配式混凝土建筑的各系统均应进行集成设计，提高集成度、施工精度和效率，并应统筹考虑材料性能、加工工艺、运输限制和吊装能力等要求。

一、结构系统设计要求

结构系统宜采用功能复合度高的部件进行集成设计，优化部件规格，满足部件加工、运输、堆放、安装的尺寸和重量要求。

接口及构造设计中，结构系统部件、内装部品部件和设备管线之间的连接方式应满足安全性和耐久性要求；结构系统与外围护系统宜采用干式工法连接，其接缝宽度应满足结构变形和温度变形的要求；部品部件的构造连接应安全可靠，接口及构造设计应满足施工安装与使用维护的要求；确定适宜的制作公差和安装公差设计值，设备管线接口避开预制构件受力较大部位和节点连接区域。

二、外围护系统设计要求

外围护系统应对外墙板、幕墙、外门窗、阳台板、空调板及遮阳部件等进行集成设计；采用提高建筑性能的构造连接措施和单元式装配外墙系统。门窗洞口尺寸规整既有利于门窗的标准化加工生产，又有利于墙板的尺寸统一和减少规格。宜采用单元化、一体化的装配式外墙系统，如具有装饰、保温、防水、采光等功能的集成式单元墙体。

三、设备管线与内装系统设计要求

设备管线与内装系统的集成设计应对给水排水、暖通空调、电气智能化、燃气等设备与管线进行综合考虑，特别注意套内管线的综合设计，每套的管线应户界分明。考虑到装配式建筑不应在预制构件安装完毕后剔凿孔洞、沟槽等，故做好前期深化设计尤为重要，在预制构件中设置的电气接口及吊挂配件的孔洞、沟槽应根据装修和设备要求提前预留。

竖向管线宜集中布置且避免平面交叉，选用模块化产品，标准化接口，满足维修和更换要求，并应预留扩展条件。墙板应结合内装要求，对设置在预制部件上的电气开关、插座、接线盒、连接管线等进行预留，这个过程用集成设计的方法有利于系统化安装和工厂化生产。

竖向电气管线宜统一设置在预制板内或装饰墙面内。墙板内竖向电气管线布置应保持安全间距。预制构件的接缝，包括水平接缝和竖向接缝，是装配式结构的关键部位。为保证水平接缝和竖向接缝有足够传递内力的能力，竖向电气管线不应设置在预制柱内，且不宜设置在预制剪力墙内。当竖向电气管线设置在预制剪力墙或非承重预制墙板内时，应避开剪力墙边缘构件范围，并应进行统一设计，将预留管线表现在预制墙板深化图上，并设置钢套管。

隔墙内预留有电气设备时，应采取有效措施满足隔声及防火的要求；设备管线穿过楼板的部位，应采取防水、防火、隔声等措施。设备管线宜与预制构件上的预埋件可靠连接。

内装设计应与建筑设计、设备与管线设计同步进行，采用装配式楼地面、墙面、吊顶等部品系统。其中住宅建筑宜采用集成式厨房、集成式卫生间及整体收纳等部品系统。室内装修所采用的构配件、饰面材料，应结合本地条件及房间使用功能要求采用耐久、防水、防火、防腐及不易污染的材料与做法。

四、预制外墙板接缝防水构造要求

装配式建筑外墙的设计关键在于连接节点的构造设计。对于承重预制外墙板、预制外挂墙板、预制夹心外墙板等不同外墙板连接节点的构造设计，悬挑构件、装饰构件连接节点的构造设计，以及门窗连接节点的构造设计等，均应根据建筑功能的需求来完成。

在预制外墙板的板缝处，应保持墙体保温性能的连续性，同时满足隔热、隔声和防火的要求。对于夹心外墙板，当内叶墙体为承重墙板，相邻夹心外墙板间浇筑有后浇混凝土时，在夹心层中保温材料的接缝处，应选用 A 级不燃保温材料（如岩棉等）填充。

预制外墙板的各类接缝设计应构造合理、施工方便、坚固耐久，并结合本地材料、制作及施工条件进行综合考虑。

接缝及门窗洞口等防水薄弱部位宜采用材料防水和构造防水相结合的做法。

材料防水是靠防水材料阻断水的通路，以达到防水的目的或增加抗渗漏的能力。如预制外墙板的接缝采用密封材料用以阻断水的通路，用于防水的密封材料应选用耐候性密封胶；接缝处的背衬材料宜采用发泡氯丁橡胶或发泡聚乙烯塑料棒（图 2-1）；外墙板接缝中用于第二道防水的密封胶条，宜采用三元乙丙橡胶（图 2-2）、氯丁橡胶或硅橡胶。

图 2-1　发泡聚乙烯塑料棒

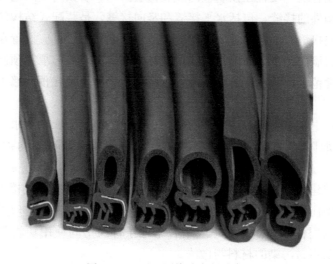

图 2-2　三元乙丙橡胶密封胶条

构造防水是采取合适的构造形式，阻断水的通路，以达到防水的目的。可在外墙板接缝外口设置适当的线型构造，如立缝的沟槽，平缝的挡水台、披水、凹槽、企口（图 2-3、图 2-4）等，也可形成空腔，截断毛细管通路，利用排水构造将渗入接缝的重力水排出墙外，防止其向室内渗漏。具体构造如下：

（1）墙板水平接缝宜采用高低缝或企口缝构造；

（2）墙板竖缝可采用平口或横口构造；

（3）当板缝空腔需设置导水管排水时，板缝内侧应增设气密条密封构造。

预制承重夹心外墙板板缝构造及预制外挂墙板板缝构造的示意如图 2-5、图 2-6 所示。

带有门窗的预制外墙板，其门窗洞口与门窗框间的密闭性不应低于门窗的密闭性。单独设置的门窗应采用标准化部件，并宜采用缺口、预留副框或预埋件等方法与墙体可靠连接。空调板宜集中布置，从而提高预制外墙板的标准化和经济性，也可与阳台合并设置。

女儿墙板内侧在要求的泛水高度处应设凹槽、挑檐或其他泛水收头等构造，上部可设置滴水线和鹰嘴等阻水构造（图 2-7、图 2-8）。

图 2-3　窗框处企口构造　　　　图 2-4　承插口水泥管中的企口构造

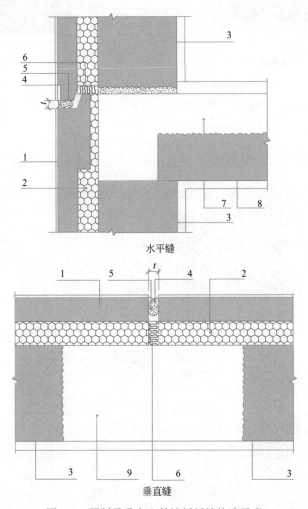

图 2-5　预制承重夹心外墙板板缝构造示意

1—外叶墙板；2—夹心保温层；3—内叶承重墙板；4—建筑密封胶；5—发泡芯棒；

6—岩棉；7—叠合板后浇层；8—预制楼板；9—边缘构件后浇混凝土

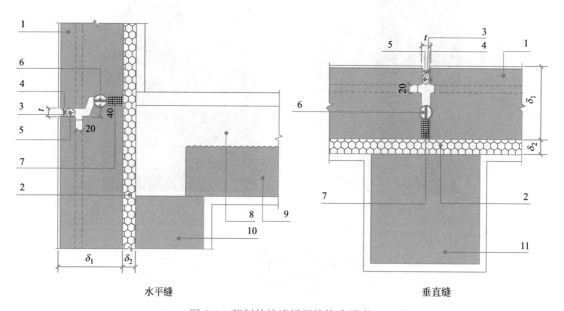

水平缝 垂直缝

图 2-6 预制外挂墙板板缝构造示意

1—外挂墙板；2—内保温；3—外层硅胶；4—建筑密封胶；5—发泡芯棒；6—橡胶气密条；
7—耐火接缝材料；8—叠合板后浇层；9—预制楼板；10—预制梁；11—预制柱

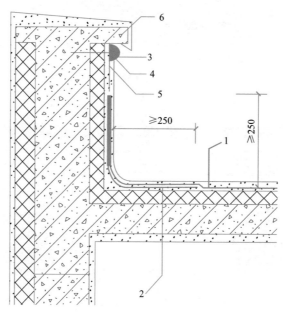

图 2-7 低女儿墙防水构造

1—防水层；2—附加层；3—密封材料；4—金属压条；5—水泥钉；6—压顶

图 2-8 女儿墙防水卷材收头构造做法

拓展提高1

一维条码（图 2-9）、二维码（图 2-10）、RFID（图 2-11）信息管理技术应用。

图 2-9 一维条码技术

图 2-10 二维条码技术

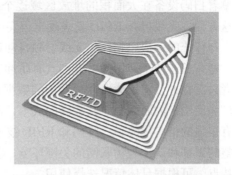

图 2-11 RFID无线射频自动识别技术

一维条码技术、二维码技术、RFID无线射频自动识别技术（电子标签）等均可以实现构件从生产、堆放、运输、进场、安装全过程的信息化管理。

一维条码的应用已非常成熟，在书籍或商品包装袋上常见由黑白相间的条纹构成的一维条码，其下方有英文字母或阿拉伯数字构成的序列，主要用来存储商品的信息。它可以记录构件的基本信息，但不能提供其详细信息，如果需要的话，我们要通过数据库来查询相应条码的详细信息，所以构建一维条码数据库是查阅其具体信息的必要条件，这是其应用和推广的局限所在。

二维码通常为方形结构，是点阵形式，用黑白相间的几何图形来记录数据符号信息，由某种特定的几何图形按一定的规律分布在平面上。由于二维码是采用纵横向形成的二维空间存储信息，因此相对一维条码来说信息存储量大、条码所占面积较小。记录在二维码中的信息可以通过一定的算法转化成计算机容易识别的特殊图形，将其打印到物品上，通过图像输入设备或者图像扫描设备自动识别并读取其中的记录，不需数据库就能查看构件的详细信息。在生产成本上，二维码与一维条码一样，只需一个图形，可直接印制在成品构件上，简单方便，几乎是零成本的信息存储技术，故具有很强的推广优势。

无线射频RFID是20世纪90年代兴起的一种非接触式的自动识别技术。无线射频自动识别技术可在阅读器和射频卡之间进行非接触双向数据传输，以达到目标识别和数据交换的目的，它通过射频信号自动识别目标对象并获取相关数据，识别工作无须人工干预，可在各种恶劣的环境下工作，达到对任意物品进行移动识别，能够对物品从生产、运输、安装的各个环节进行追踪，并记录全过程的物流信息。当前的高速公路不停车收费系统（ETC）就采取了这种技术。RFID系统主要是由电子标签、天线、读写器、中间件和主机组成。RFID技术的基本工作原理是：标签进入磁场后，接收读写器发出的射频信号，凭借感应电流所获得的能量发送出存储在芯片中的产品信息，或者主动发送某一频率的信号，读写器读取信息并解码后，送至中央信息系统进行有关数据处理。该技术有较高的防伪性和信息控制等优势，在使用RFID的过程中，可以有效减少构件管理成本，也是物品进入物联网中不可缺少的身份识别标签。

预制构件表面预埋带无线射频芯片的标识卡（RFID卡）有利于实现装配式建筑质量全过程控制和追溯，芯片可存入生产过程及质量控制全部相关信息。

二维码在使用中有一定的局限性，必须要近距离通过扫码设备扫码才能读取数据，如果要管理或者读取信息的构件比较多，亦或是查阅单个特殊构件的堆放详情，则需要管理者拿着扫码设备在大面积的堆放区域逐个找寻构件进行扫码，读取信息校核，费时费力。在这方面，无线射频RFID就表现出很突出的优势。

与传统的条形码相比，无线射频自动识别技术具有非接触、阅读速度快、不受环境影响、寿命长、便于使用的特点和具有防冲突功能。若构件安装有RFID标签的话，那么管理者只需在办公室里读取读写器上的数据就可以了，省时省力。RFID技术在传统商品中推广和使用上的瓶颈源于其较高的成本，但是相对于装配式混凝土构件的成本而言，还是具有很强的推广优势。二维码和RFID技术都被认为是一维条码的替代产品，它们对物体完整的识别和认证是物联网的关键环节，相对比一维条码都具有存储信息量大，安全性高的特点。可根据具体情况选择使用。

拓展提高2

CSI 住宅体系

CSI住宅是将住宅的支撑体部分和填充体部分相分离的住宅建筑体系，其中C是China的缩写，表示基于中国国情和住宅建设及其部品发展现状而设定的相关要求。S是英文Skeleton的缩写，表示具有耐久性、公共性的住宅支撑体，是住宅中不允许住户随意变动的一部分。包括建筑中承重结构、共用管道井及共用设备管线等，这些部件长期固定不可更换、维修，是共同利用的区域，要求达到百年以上的长期耐久性。I 是英文 Infill 的缩写，表示具有灵活性、专有性的住宅内填充体，是住宅内住户在住宅全寿命周期内可以根据需要灵活改变的部分。包括非承重分户墙、生活空间及分离于承重构件的专用管线、设备、厨卫设施、内门窗、吊顶、楼地面架空层等，这些部品可通过增减改造自有变换空间，属于个人利用区域，随着社会、科技及家庭的发展状况可实现户内装饰及设备的改进。

在传统混凝土结构的装修实践中，为了保护结构受力体系的正常工作，承重构件是不可以随意拆除和改变的。但随着科技的发展和室内居住需求的多元化发展，内装系统可能局限于埋置在承重构件或围护构件中的设备管线规格，从而限制了建筑居住功能的推进。CSI 住宅以实现住宅主体结构百年以上的耐久年限、厨卫居室均可变更和住户参与设计为长期目标，突破了传统建筑的局限性。但根据我国住宅建设的基本现状、标准规定和现行的一系列管理体制，距离这一目标的实现尚需一段时间，因而在目前 CSI 住宅发展的起步阶段，应本着脚踏实地的原则，立足于推进近期可实现的"普适型 CSI 住宅"建设，其核心特点包括：支撑体部分与填充体基本分离；卫生间实现同层排水和干式架空；部品模数化、集成化，套内接口标准化；室内布局具有部分可变更性；按耐久年限和权属关系划分部品群；强调住宅维修和维护管理体系等。

拓展提高3

同层排水（图 2-12）和异层排水（图 2-13）

一般建筑的排水横管布置在本层称为同层排水；排水横管设置在本层楼板下，称为异层排水。装配式建筑宜采用同层排水设计，住宅建筑卫生间、经济型旅馆宜优先采用同层排水方式，并应结合房间净高、楼板跨度、设备管线等因素确定降板方案。

同层排水具体是指排水系统中的用水器具排水管和排水横向支管铺设在本层，接入排水立管后仅将立管穿越结构楼板，而不是传统的将每个用水器具的排水管单独穿越本层结构楼板，在下层顶棚横向连接再接入排水立管。这一技术从使用体验角度有明显的优势：

（1）物业归属明确、房屋产权明晰。卫生间排水管路系统设置在本层业主家中，一旦出现渗漏现象或需要清理疏通的现象，可在本层套内解决问题，管道检修过程和疏通过程不必介入下层住户，相对传统的异层排水问题处理，彻底摆脱了上下层住户间的关联。另外，传统异层排水中的"楼上漏水、楼下遭殃"问题也在很大程度上可以避免，用水器具的排水支管一旦出现渗漏会留存在结构板以上，敦促本层住户积极解决问题。

（2）防水细部构造减少，渗漏水可能性降低。卫生间结构楼板仅由排水立管穿越，不被用水器具的排水支管穿越，在防水构造中避免了大量的管根加强构造，也大大降低了渗漏水的概率，能有效地防止病菌的传播。同层排水不需要安装旧式的 P 型或是 S 型管道，所以在排出污水时会更通畅，发生管道堵塞的情况也较少。

（3）卫生器具设置自由，满足个性化需求。排水支管布置在楼板上，可以解决卫生器具在结构楼板上预留排水管道孔洞的约束，满足卫生器具空间设置的个性化需求，布局更加灵活合理。

（4）降低排水噪声，避免邻里打扰。设置在本层的排水支管被回填层或架空层覆盖后有较好的隔声效果，从而降低排水噪声，尤其避免了异层排水时楼上用水器具一旦冲排水，楼下住户受到的噪声干扰。

（5）可不设吊顶，卫生间净高增加。同层排水没有用水器具支管穿越楼板结构，所以能在下层顶棚保持平整美观，无须做吊顶掩盖水管，减少了卫生死角，也增加了卫生间的净高。

但同层排水也存在一定的缺点，首先是这种新的排水方式会增加装修成本，比如回填层或架空层的构造施工费用会高于传统吊顶做法，并且在维修和疏通时需要破坏本层地面装饰层，而传统的异层排水疏通维修仅抠开吊顶面板即可进行，相对而言前者代价更大；其次，想要同时满足本层排水支管埋设和装饰后卫生间楼面标高要求，则需要用到大降板方案，于结构不利。这些问题是当前制约同层排水的瓶颈，但也在逐步解决中，比如，优化本层支管布置方案、提高材料质量和耐久性、利用墙体中的装饰层铺设用水器具排水管，从而减少支管在楼面层中的设置等（图 2-14）。

图 2-12　同层排水

图 2-13　异层排水

图 2-14　排水方式的比较和改进

任务 2　装配式建筑结构设计基本要求

装配式混凝土结构是指由预制混凝土构件通过可靠的连接方式装配而成的混凝土结构，包括装配整体式混凝土结构、全装配混凝土结构等。在建筑工程中简称装配式建筑；在结构工程中，简称装配式结构。其中，由预制混凝土构件通过可靠的方式进行连接并与现场后浇混凝土、水泥基灌浆料形成整体的装配式混凝土结构，简称装配整体式结构。全部或部分框架梁、柱采用预制构件构建成的装配整体式混凝土结构，简称装配整体式框架结构。全部或部分剪力墙采用预制墙板构建成的装配整体式混凝土结构，简称装配整体式剪力墙结构。

装配式混凝土结构的设计应符合现行国家标准《混凝土结构设计规范》GB 50010 和现行行业标准《高层建筑混凝土结构技术规程》JGJ 3 的相关要求，采取措施保证结构的整体性，应按有关规定进行抗连续倒塌概念设计，对抗可能出现的偶然作用。结构构件的抗震设计，应根据设防类别、烈度、结构类型和房屋高度采用不同的抗震等级，并应符合相应的计算和构造措施要求，以及上述国家现行标准中对抗震措施进行调整的规定。

装配式结构的设计，应注重概念设计和结构分析模型的建立，以及预制构件的连接设计。当前，对于高层装配式结构设计的主要概念，是在选用可靠的预制构件受力钢筋连接技术的基础上，采用预制构件与后浇混凝土相结合的方法，通过连接节点合理的构造措施，将装配式结构连接成一个整体，保证其结构性能具有与现浇混凝土结构等同的整体性、延性、承载力和耐久性能，达到与现浇混凝土等同的效果。对于多层装配式剪力墙结构，应根据实际选用的连接节点类型和具体采用的构造措施特点，采用相应的结构分析模型进行计算和设计优化。

子任务 1　装配式构件的连接要求

装配式结构成败的关键在于预制构件之间，以及预制构件与现浇和后浇混凝土之间的连接技术，其中包括连接接头的选用和连接节点的构造设计。装配式结构中预制构件的连接设计要求可归纳为：标准化、简单化、抗拉能力、延性、变形能力、防火、耐久性和美学等八个方面的要求，即节点连接构造不仅应满足结构的力学性能，尚应满足建筑物理性能等要求，并应符合下列规定：

（1）应采取有效措施加强结构的整体性；

（2）装配式结构宜采用高强混凝土、高强钢筋；

（3）装配式结构的节点和接缝应受力明确、构造可靠，并应满足承载力、延性和耐久性等要求；

（4）应根据连接节点和接缝的构造方式和性能，确定结构的整体计算模型；

（5）预制构件节点及接缝处后浇混凝土强度等级不应低于预制构件的混凝土强度等级；多层剪力墙结构中墙板水平接缝用坐浆材料的强度等级应大于被连接构件的混凝土强度等级。

一、常见连接方法

装配式混凝土结构中，节点及接缝处的纵向钢筋连接宜根据接头受力、施工工艺等要求选用套筒灌浆连接、机械连接、浆锚搭接连接、焊接连接、绑扎搭接连接等连接方式，其对应的现行行业标准见表2-5。直径大于20mm的钢筋不宜采用浆锚搭接连接，直接承受动力荷载的构件纵向钢筋不应采用浆锚搭接连接。

构件在安装过程中，钢筋对位直接制约构件的连接效率，故宜采用大直径、大间距的配筋方式，以便于现场钢筋的对位和连接。

钢筋连接方法参照标准   表 2-5

钢筋连接方法	现行行业标准
套筒灌浆连接	《钢筋套筒灌浆连接应用技术规程》JGJ 355
钢筋套筒灌浆连接接头采用的套筒	《钢筋连接用灌浆套筒》JG/T 398
钢筋套筒灌浆连接接头采用的灌浆料	《钢筋连接用套筒灌浆料》JG/T 408
机械连接	《钢筋机械连接技术规程》JGJ 107
焊接连接	《钢筋焊接及验收规程》JGJ 18
钢筋锚固板	《钢筋锚固板应用技术规程》JGJ 256

二、挤压套筒的连接要求

挤压套筒用于装配式混凝土结构时，具有连接可靠、施工方便、少用人工、施工质量现场可检查等优点。纵向钢筋采用挤压套筒连接时应满足下列规定：

（1）连接框架柱、框架梁、剪力墙边缘构件纵向钢筋的挤压套筒接头应满足Ⅰ级接头的要求，连接剪力墙竖向分布钢筋、楼板分布钢筋的挤压套筒接头应满足Ⅰ级接头抗拉强度的要求。

（2）被连接的预制构件之间应预留后浇段，后浇段的高度或长度应根据挤压套筒接头安装工艺确定，施工现场采用机具对套筒进行挤压实现钢筋连接时，需要有足够大的操作空间，因此，预制构件之间应预留足够的后浇段，并应采取措施保证后浇段的混凝土浇筑密实。

挤压套筒应用前应将套筒与钢筋装配成接头进行型式检验，确定满足接头抗拉强度和变形性能的要求后方可用于工程实践。

（3）预制柱底、预制剪力墙底宜设置支腿，支腿应能承受不小于2倍被支承预制构件的自重。

三、连接的设置部位

装配式结构中，预制构件的连接部位宜设置在结构受力较小的部位，其尺寸和形状应符合下列规定：

（1）应满足建筑使用功能、模数、标准化要求，并应进行优化设计；

（2）应根据预制构件的功能和安装部位、加工制作及施工精度等要求，确定合理的公差；

（3）应满足制作、运输、堆放、安装及质量控制要求，除对使用阶段进行验算外，还应重视施工阶段的验算，即短暂设计状况的验算。

拓展提高4

高强材料、延性、耐久性概念

一、高强混凝土

根据现行行业标准《高强混凝土应用技术规程》JGJ/T 281 的规定，高强混凝土是指强度等级不低于 C60 的混凝土。通常强度等级高于 C100 的混凝土称为超高强混凝土。高强混凝土作为一种新的建筑材料，具备抗压强度高、抗变形能力强、密度大、孔隙率低的优越性，在高层建筑结构、大跨度桥梁结构及特殊结构中得到广泛的应用。其最大的特点是抗压强度高，一般为普通强度混凝土的 4～6 倍，故在设计时可缩小构件的截面尺寸，降低构件自重，满足抗震设计要求，提高经济效益。

二、高强钢筋

高强钢筋通常是指 400MPa 级以上的高强热轧带肋钢筋或 CRB600H 级钢筋等，具有较高的屈服强度和抗拉强度，应用在构件中可减小钢筋直径，便于混凝土浇筑振捣密实、节点位置钢筋连接及锚固处理。

三、延性

结构的延性是指材料的结构或构件的某个截面从屈服开始，到达最大承载能力的变形能力。延性破坏就是材料经受过高的应力，超出其屈服极限或强度极限，产生较大塑性变形后才导致断裂。与之相对的是脆性破坏，它指材料受力后无显著变形而突然发生的破坏。岩石和混凝土在受拉破坏时往往属于脆性破坏，破坏时延伸率和断面收缩率均较小。显而易见的是，为了建筑结构的安全性，装配式建筑的结构设计应与常规现浇结构一样，满足延性要求。

四、耐久性

结构与构件的耐久性，是指在预定作用和预期的维护与使用条件下，结构及其部件能在预定期限内维持其所需最低性能要求的能力。在建筑结构中，耐久性是一个复杂的多因素综合问题，规范增加了混凝土结构耐久性设计的基本原则和有关规定，包括从建筑设计使用年限、混凝土各种组成原材料的性能、环境类别、保护层厚度等方面加以控制。

子任务 2　装配式混凝土结构体型设计要求

一、装配式混凝土结构高度规定

装配整体式框架结构、装配整体式剪力墙结构、装配整体式框架-现浇剪力墙结构、装配整体式框架-现浇核心筒结构、装配整体式部分框支剪力墙结构的房屋最大适用高度应满足表 2-6 的要求。

表中：

1）房屋高度指室外地面到主要屋面的高度，不包括局部突出屋顶的部分。

2）部分框支剪力墙结构指地面以上有部分框支剪力墙的剪力墙结构，不包括仅个别框支墙的情况。

装配整体式混凝土结构房屋的最大适用高度（m）　　　表 2-6

结构类型	抗震设防烈度			
	6 度	7 度	8 度(0.20g)	8 度(0.30g)
装配整体式框架结构	60	50	40	30
装配整体式框架-现浇剪力墙结构	130	120	100	80
装配整体式框架-现浇核心筒结构	150	130	100	90
装配整体式剪力墙结构	130(120)	110(100)	90(80)	70(60)
装配整体式部分框支剪力墙结构	110(100)	90(80)	70(60)	40(30)

3）装配整体式剪力墙结构和装配整体式部分框支剪力墙结构，在规定的水平力作用下，当预制剪力墙构件底部承担的总剪力大于该层总剪力的 50％时，其最大适用高度应适当降低；当预制剪力墙构件底部承担的总剪力大于该层总剪力的 80％时，最大适用高度应取括号内的数值。在计算预制剪力墙构件底部承担的总剪力占该层总剪力比例时，一般取主要采用预制剪力墙构件的最下一层；如全部采用预制剪力墙结构，则计算底层的剪力比例；如底部 2 层现浇其他层预制，则计算第 3 层的剪力比例。

（1）框架结构

表 2-6 的规定引自现行行业标准《高层建筑混凝土结构技术规程》JGJ 3 并适当调整。据研究发现，在地震区的装配整体式框架结构，当采取了可靠的节点连接方式和合理的构造措施后，装配整体式框架的结构性能可以等同现浇混凝土框架结构。因此，对装配整体式框架结构，当结构中竖向构件全部为现浇且楼盖采用叠合梁板，节点及接缝采用适当的构造并满足一定要求时，可认为其性能与现浇结构基本一致，其最大适用高度与现浇结构相同。如果装配式框架结构中节点及接缝构造措施的性能达不到现浇结构的要求，其最大适用高度应适当降低。

（2）装配整体式剪力墙结构

装配整体式剪力墙结构中，墙体之间的接缝数量多且构造复杂，接缝的构造措施及施工质量对结构整体的抗震性能影响较大，使装配整体式剪力墙结构抗震性能很难完全等同于现浇结构。所以规范对装配式剪力墙结构采取从严要求的态度，与现浇结构相比适当降低其最大适用高度。装配整体式剪力墙结构和装配整体式部分框支剪力墙结构，当剪力墙边缘构件竖向钢筋采用浆锚搭接连接时，房屋最大适用高度应比表中数值降低 10m。当预制剪力墙数量较多时，即预制剪力墙承担的底部剪力较大时，对其最大适用高度限制会更加严格。

（3）装配整体式框架-剪力墙结构

框架-剪力墙结构是目前我国广泛应用的一种结构体系。根据当前研究基础，建议在装配整体式框架-剪力墙结构中，剪力墙采用现浇结构，以保证结构整体的抗震性能，而装配式框架的性能与现浇框架等同，因此整体结构的适用高度与现浇的框架-剪力墙结构相同。对于框架与剪力墙均采用装配式的框架-剪力墙结构，则有待进一步的研究结果确定其适用高度。

二、装配式混凝土结构高宽比规定

高层建筑的高宽比，是对结构刚度、整体稳定、承载能力和经济合理性的宏观控制，在结构设计满足承载力、稳定性、抗倾覆、变形和舒适度等基本要求后，仅从结构安全角度讲高宽比限值不是必须满足的，主要影响结构设计的经济性。一般情况，高层装配整体式混凝土结构的高宽比不宜超过表 2-7 的数值。

高层装配整体式混凝土结构适用的最大高宽比　　　　　　　　　　表 2-7

结构类型	抗震设防烈度	
	6 度、7 度	8 度
装配整体式框架结构	4	3
装配整体式框架-现浇剪力墙结构	6	5
装配整体式剪力墙结构	6	5
装配整体式框架-现浇核心筒结构	7	6

三、装配式混凝土结构平面和竖向布置规定

装配式混凝土结构平面形状宜简单、规则、对称，避免刚度、质量和承载力分布不均匀。一方面，平面过于狭长的建筑物在地震时由于两端地震波有相位差而容易产生不规则振动，产生较大的震害，所以设定结构平面长宽比的最大限值，抗震设计时要求更为严格；另一方面，平面有较长的外伸时，外伸段容易产生局部振动而引发凹角处应力集中和破坏，外伸部分局部长宽比的限值也作出了具体规定，平面布置要求如图 2-15、表 2-8 所示。

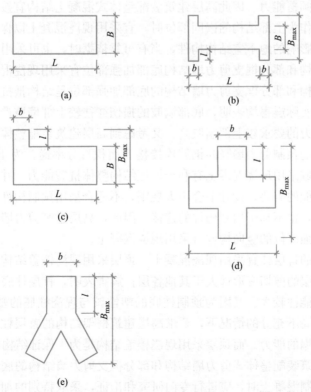

图 2-15　建筑平面示例

装配式结构的平面尺寸及突出部位尺寸的比值限值　　　　　　表2-8

抗震设防烈度	L/B	l/B_{max}	l/b
6、7度	≤6.0	≤0.35	≤2.0
8度	≤5.0	≤0.3	≤1.5

对于高层建筑，在沿海地区风力成为其控制性荷载，采用风压较小的平面形状有利于抗风设计。对抗风有利的平面形状是简单规则的凸平面，如圆形、正多边形、椭圆形、鼓形等平面。对抗风不利的平面是有较多凹凸的复杂形状平面，如 V 形、Y 形、H 形、弧形等平面。不应采用严重不规则的平面布置，不宜采用角部重叠或细腰形平面布置。

装配式结构竖向布置应连续、均匀，应避免抗侧力结构的侧向刚度和承载力沿竖向突变，并应符合建筑抗震设计有关规定。装配式结构的平面及竖向布置要求应严于现浇混凝土结构，特别不规则的建筑设计会出现各种非标准构件，且在地震作用下内力分布较复杂，不适宜采用装配式结构。

子任务 3　装配式混凝土结构的现浇区设置原则

高层建筑装配整体式混凝土结构应符合下列规定：

（1）当设置地下室时，宜采用现浇混凝土。震害调查表明，有地下室的高层建筑破坏比较轻，而且有地下室对提高地基的承载力有利；高层建筑设置地下室，可以提高其在风和地震作用下的抗倾覆能力。因此高层建筑装配整体式混凝土结构宜按照有关规定设置地下室。地下室顶板作为上部结构的嵌固部位时，宜采用现浇混凝土以保证其嵌固作用。对嵌固作用没有直接影响的地下室结构构件，当有可靠依据时，也可采用预制混凝土模式。

（2）剪力墙结构和部分框支剪力墙结构底部加强部位宜采用现浇混凝土。高层建筑装配整体式剪力墙结构和部分框支剪力墙结构的底部加强部位是结构抵抗罕遇地震的关键部位。弹塑性分析和实际震害均表明，底部墙肢的损伤往往较上部墙肢严重，因此对底部墙肢的延性和耗能能力的要求较上部墙肢高。又考虑到高层建筑装配整体式剪力墙结构和部分框支剪力墙结构的预制剪力墙竖向钢筋连接接头面积百分率通常为100%，剪力墙墙肢的主要塑性发展区域采用现浇混凝土有利于保证结构整体抗震能力。并且，结构底部或首层往往由于建筑功能的需要，设计上会不太规则，不适合采用预制构件；底部加强区构件截面大且配筋较多，也不利于预制构件的连接。因此，高层建筑剪力墙结构和部分框支剪力墙结构的底部加强部位的竖向构件宜采用现浇混凝土。

（3）框架结构的首层柱宜采用现浇混凝土，顶层采用现浇楼盖结构。高层建筑装配整体式框架结构，首层的剪切变形远大于其他各层；震害表明，首层柱底出现塑性铰的框架结构，其倒塌的可能性较大。又因为预制柱底的塑性铰与现浇柱底的塑性铰有一定差别，在设计和施工经验尚不充分的情况下，要求高层建筑框架结构的首层柱采用现浇柱，以保证结构的抗地震倒塌的能力。而顶层采用现浇楼盖结构是为了保证结构的整体性。

（4）当高层建筑装配整体式剪力墙结构和部分框支剪力墙结构的底部加强部位及框架结构首层柱采用预制混凝土时，应进行专门研究和论证，采取特别的加强措施，严格控制构件加工和现场施工的质量。

预制装配设计与施工中，应重点提高连接接头性能、优化结构布置和构造措施，提高关键构件和部位的承载能力，尤其是柱底接缝与剪力墙水平接缝的承载能力，确保实现"强柱弱梁"的目标，并对大震作用下首层柱和剪力墙底部加强部位的塑性发展程度进行控制。必要时应进行试验验证。

（5）带转换层的装配整体式结构，当采用部分框支剪力墙结构时，底部框支层不宜超过 2 层，且框支层及相邻上一层应采用现浇结构；部分框支剪力墙以外的结构中，转换梁、转换柱宜现浇。

部分框支剪力墙结构的框支层受力较大且在地震作用下容易破坏，为加强整体性建议框支层及相邻上一层采用现浇结构。转换梁、转换柱是保证结构抗震性能的关键受力部位，且往往构件截面较大、配筋多，节点构造复杂，不适合采用预制构件。

【课后习题】

一、填空题

1. 装配式混凝土建筑应遵循建筑全寿命期的＿＿＿＿＿＿原则，将＿＿＿＿＿＿、＿＿＿＿＿＿、＿＿＿＿＿＿集成，进行＿＿＿＿＿＿、＿＿＿＿＿＿、＿＿＿＿＿＿、＿＿＿＿＿＿、＿＿＿＿＿＿和＿＿＿＿＿＿，实现建筑功能完整、性能优良的建设目标。

2. 装配式混凝土建筑应采用模块及模块组合的设计方法，遵循＿＿＿＿＿＿、＿＿＿＿＿＿的原则。

3. ＿＿＿＿＿＿是建筑部品部件实现通用性和互换性的基本原则，使规格化、通用化的部品部件适用于常规的各类建筑，满足各种要求。

4. 装配式混凝土建筑的定位宜采用中心定位法与界面定位法相结合的方法。对于部件的水平定位宜采用＿＿＿＿＿＿，部件的竖向定位和部品的定位宜采用＿＿＿＿＿＿。

5. CSI 住宅是将住宅的支撑体部分和填充体部分相分离的住宅建筑体系，其中 C 是 China 的缩写，表示＿＿＿＿＿＿；S 是英文 Skeleton 的缩写，表示＿＿＿＿＿＿；I 是英文 Infill 的缩写，表示＿＿＿＿＿＿。

6. 装配整体式结构是指：＿＿＿＿＿＿；
装配整体式框架结构是指：＿＿＿＿＿＿；
装配整体式剪力墙结构是指：＿＿＿＿＿＿。

7. 装配式结构中预制构件的连接设计要求可归纳为：＿＿＿＿＿＿、＿＿＿＿＿＿、＿＿＿＿＿＿、＿＿＿＿＿＿、＿＿＿＿＿＿、＿＿＿＿＿＿、＿＿＿＿＿＿和＿＿＿＿＿＿八个方面的要求。

二、问答题

1. 什么是协同设计？

2. 装配式混凝土建筑的平面设计和立面设计应满足怎样的要求？

3. 装配式混凝土建筑构件接缝处应采取怎样的防水措施？对其常用材料及做法举例说明。

4. 在装配式混凝土构件管理中使用一维条码、二维码、RFID 信息管理技术的主要特

2-1　课后习题答案

点分别是什么？

5.同层排水优点有哪些？

6.装配式混凝土结构平面形状不规则，质量、刚度分布不均或有较长外伸时会产生哪些不利影响？

7.高层建筑装配整体式混凝土结构宜采用现浇混凝土的部分有哪些？

Chapter 03

单元 **3**

装配式混凝土结构整体现浇节点构造

知识目标

掌握规范常见的装配式混凝土结构现浇节点连接构造要求。

能力目标

能够对装配式混凝土结构构件的进行拆分和节点构造设计。

素质目标

具有拓展思维、创新发展的能力，会查阅规范、标准、图集构造要求并能结合实际工程应用反馈，推动现有技术资料的完善与优化。

任务介绍

某项目总建筑面积 44600.33m²，其中地下 1 层 14006.73m²，地上 30593.60m²，主体结构为地上 9 层，采用装配整体式混凝土框架结构。本工程结构安全等级为二级，抗震设防类别为乙类，设计使用年限 50 年。抗震设防烈度为 8 度，设计基本地震加速度 0.20g，设计地震分组为二组，建筑场地类别 Ⅲ 类，场地特征周期 0.55s。基本风压 0.40kN/m²（重现期 50 年），地面粗糙 B 类。采用的预制构件有：预制柱、预制梁、叠合板、预制楼梯等。装配率为 80%，满足 AA 级装配式建筑要求。

主要结构构件截面尺寸为：柱截面 1200mm×1200mm、1000mm×1000mm、800mm×800mm，框架梁截面 400mm×800mm、400mm×700mm，板厚 160mm、210mm。框架柱混凝土强度等级为 C40～C50，梁、板混凝土强度等级为 C35。预制水平构件，包括叠合楼板、叠合梁、预制楼梯，应用部位为 2～9 层。叠合板采用混凝土桁架叠合板。叠合梁端部采用 90°弯折锚固及直锚的连接形式，水平构件应用比例为 73%。在结合建筑外立面要求的基础上，采用预制梁上线性连接方式悬挂预制外挂墙板。预制柱均采用套筒灌浆连接，竖向构件应用比例为 57.3%。

任务分析

根据项目特点，分析装配式框架结构的结构特点、构件类型、构件尺寸、材料强度、设计基本要素和具有安全保障的构件连接方式等，与传统现浇工艺节点连接进行对比分析。

任务 1 装配式混凝土结构楼盖设计

装配整体式混凝土结构的楼盖宜采用叠合楼盖，叠合楼盖包括桁架钢筋混凝土叠合板、预制平板底板混凝土叠合板、预制带肋底板混凝土叠合板、叠合空心楼板等。相关构造可在图集中查阅（图 3-1）。

图 3-1　装配式混凝土结构叠合板相关构造图集

但是在高层装配整体式混凝土结构中，楼盖的设计在某些特殊部位宜采用现浇来达到结构的整体性。即结构转换层、平面复杂或开洞较大的楼层、作为上部结构嵌固部位的地下室楼层，这些位置的结构整体性及传递水平力的要求较高，宜采用现浇楼盖来保证其性能的正常发挥。

当采用叠合楼盖时，楼板的后浇混凝土叠合层厚度不应小于 100mm，且后浇层内应采用双向通长配筋，钢筋直径不宜小于 8mm，间距不宜大于 200mm。当顶层楼板采用叠合楼板时，为增强顶层楼板的整体性，需提高后浇混凝土叠合层的厚度和配筋要求，同时叠合楼板应设置桁架钢筋。

一、叠合板设计要求

叠合板的设计应该在满足《混凝土结构设计规范》GB 50010 的基础上同时满足以下规定：

（1）叠合板的预制板厚度不宜小于 60mm，后浇混凝土叠合层厚度不应小于 60mm；

（2）当叠合板的预制板采用空心板时，板端空腔应封堵；

（3）跨度大于 3m 的叠合板，宜采用桁架钢筋混凝土叠合板；

（4）跨度大于 6m 的叠合板，宜采用预应力混凝土预制板；

（5）板厚大于 180mm 的叠合板，宜采用混凝土空心板。

3-1　叠合板桁架筋预埋吊点和线盒

叠合板后浇层最小厚度的规定考虑了楼板整体性要求以及管线预埋、面筋铺设、施工误差等因素。预制板最小厚度的规定考虑了脱模吊装、运输、施工等因素。在采取可靠的构造措施的情况下，如设置

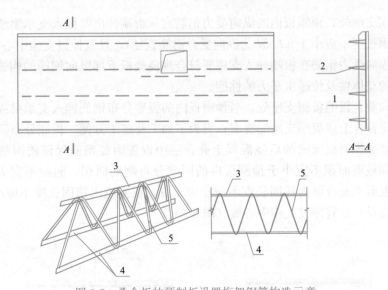

图 3-2 叠合板的预制板设置桁架钢筋构造示意

1—预制板；2—桁架钢筋；3—上弦钢筋；4—下弦钢筋；5—格构钢筋

桁架钢筋或板肋等，增加了预制板刚度时，可以考虑将其厚度适当减少。

当板跨度较大时，为了增加预制板的整体刚度和水平界面抗剪性能，可在预制板内设置桁架钢筋（图 3-2）。钢筋桁架的下弦钢筋可视情况作为楼板下部的受力钢筋使用。施工阶段，验算预制板的承载力及变形时，可考虑桁架钢筋的作用，减小预制板下的临时支撑。

当板跨度超过 6m 时，采用预应力混凝土预制板经济性较好。板厚大于 180mm 时，为了减轻楼板自重，节约材料，推荐采用空心楼板；可在预制板上设置各种轻质模具，浇筑混凝土后形成空心。

叠合板可根据预制板接缝构造、支座构造、长宽比按单向板或双向板设计。当预制板之间采用分离式接缝时，该板块内的几块叠合板可各自按单向板设计。对长宽比不大于 3 的四边支承叠合板，当其预制板之间采用整体式接缝或无接缝时，可按双向板设计（图 3-3）。

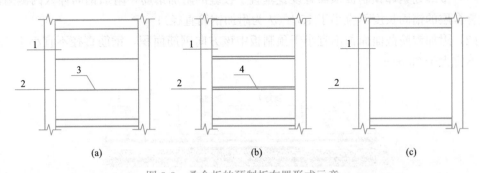

图 3-3 叠合板的预制板布置形式示意

(a) 单向叠合板；(b) 带接缝的双向叠合板；(c) 无接缝双向叠合板

1—预制板；2—梁或墙；3—板侧分离式接缝；4—板侧整体式接缝

二、叠合板支座处构造要求

叠合板支座处的纵向钢筋应符合下列规定：

（1）板端支座处，预制板内的纵向受力钢筋宜从板端伸出并锚入支承梁或墙的后浇混凝土中，锚固长度不应小于 5d（d 为纵向受力钢筋直径），且宜伸过支座中心线（图 3-4），预制板内的纵向受力钢筋在板端伸入支座要符合现浇楼板下部纵向钢筋的构造要求，主要是保证楼板的整体性及传递水平力的性能。

（2）单向叠合板的板侧支座处，当预制板内的板底分布钢筋伸入支承梁或墙的后浇混凝土中时，应符合上述板端支座的要求；当为了加工及施工方便，板底分布钢筋不伸入支座时，应在紧邻预制板顶面的后浇混凝土叠合层中设置附加钢筋保证楼面整体性和连续性。附加钢筋截面面积不宜小于预制板内的同向分布钢筋面积，间距不宜大于 600mm，在板的后浇混凝土叠合层内锚固长度不应小于 15d，在支座内锚固长度不应小于 15d（d 为附加钢筋直径）且宜伸过支座中心线（图 3-4）。

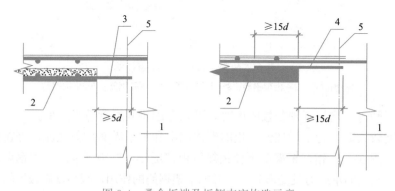

图 3-4　叠合板端及板侧支座构造示意

（a）板端支座；（b）板侧支座

1—支承梁或墙；2—预制板；3—纵向受力钢筋；4—附加钢筋；5—支座中心线

三、单向叠合板板侧分离式接缝构造要求

单向叠合板板侧的分离式接缝宜配置附加钢筋（图 3-5），并应符合下列规定：

（1）接缝处紧邻预制板顶面宜设置垂直于板缝的附加钢筋，附加钢筋伸入两侧后浇混凝土叠合层的锚固长度不应小于 15d（d 为附加钢筋直径）；

（2）附加钢筋截面面积不宜小于预制板中该方向钢筋面积，钢筋直径不宜小于 6mm、间距不宜大于 250mm。

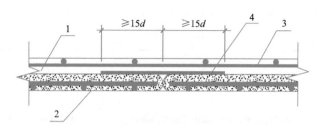

图 3-5　单向叠合板板侧分离式接缝构造示意

1—后浇混凝土叠合层；2—预制板；3—后浇层内钢筋；4—附加钢筋

上述接缝形式较简单，利于构件生产及施工。这种构造的叠合板整体受力性能介于按板缝划分的单向板和整体双向板之间，与楼板的尺寸、后浇层与预制板的厚度比例、接缝

钢筋数量等因素有关。开裂特征类似于单向板，承载力高于单向板，挠度小于单向板但大于双向板。板缝接缝边界主要传递剪力，弯矩传递能力较差。在没有可靠依据时，可偏于安全地按照单向板进行设计，接缝位置处的钢筋按构造要求确定，主要目的是保证接缝处不发生剪切破坏，且控制接缝处裂缝的开展。

当后浇层厚度较大（大于 75mm），且设置有钢筋桁架并配有足够数量的接缝钢筋时，接缝可承受足够大的弯矩及剪力，此时也可将其作为整体式接缝，几块预制板通过接缝和后浇层组成的叠合板可按照整体叠合双向板进行设计。此时，应按照接缝处的弯矩设计值及后浇层的厚度计算接缝处需要的钢筋数量。

四、双向叠合板板侧整体式接缝构造要求

双向叠合板板侧的整体式接缝可采用后浇带形式，宜设置在叠合板的次要受力方向且宜避开跨中最大弯矩位置。这是因为，与整体现浇板比较，预制板接缝处应变集中，裂缝宽度较大，导致构件的挠度比整体现浇板略大，接缝处受弯承载力略有降低。如果接缝由于客观原因限制而必须设置在主要受力位置，应该考虑其影响，在设计时应按照弹性板计算的内力及配筋结果进行调整，适当增大两个方向的纵向受力钢筋，加强钢筋连接和锚固措施。

当预制板接缝可实现钢筋与混凝土的连续受力，即形成"整体式接缝"时，可按照整体双向板进行设计。整体式接缝一般采用后浇带的形式，后浇带应有一定的宽度以保证钢筋在后浇带中的搭接或锚固空间，并保证后浇混凝土与预制板的整体性。后浇带两侧的板底受力钢筋需要可靠连接，在构造上应符合下列规定：

（1）后浇带宽度不宜小于 200mm。

（2）后浇带两侧板底纵向受力钢筋可在后浇带中焊接、搭接、弯折锚固、机械连接。

（3）当后浇带两侧板底纵向受力钢筋在后浇带中搭接连接时，应符合现行国家标准《混凝土结构设计规范》GB 50010 的有关规定。

当预制板板底外伸钢筋为直线形搭接时应满足规范规定的钢筋锚固长度要求。

当后浇带两侧板底纵向受力钢筋在后浇带中弯折锚固时，叠合板整体性较好。利用预制板边侧向伸出的钢筋在接缝处搭接并弯折锚固于后浇混凝土层中，可以实现接缝两侧钢筋的传力，从而传递弯矩，形成双向板受力状态。接缝处伸出钢筋的锚固和重叠部分的搭接应有一定长度，以实现应力传递，弯折角度应较小以实现顺畅传力，后浇混凝土层应有一定厚度，弯折处应配构造钢筋以防止挤压破坏。相关规定如下：

（1）预制板板底外伸钢筋端部为 90° 或 135° 弯钩搭接锚固时，其弯钩钢筋弯后直段长度分别为 12d 和 5d（d 为钢筋直径）（图 3-6）。

（2）叠合板厚度不应小于 10d，不应小于 120mm（d 为弯折钢筋直径的较大值）；

（3）接缝处预制板侧伸出的纵向受力钢筋应在后浇混凝土叠合层内锚固，且锚固长度不应小于 l_a；两侧钢筋在接缝处重叠的长度不应小于 10d，钢筋弯折角度不应大于 30°，弯折处沿接缝方向应配置不少于 2 根通长构造钢筋，且直径不应小于该方向预制板内钢筋直径（图 3-7）。

当然，后浇带内的钢筋也可采用经论证可靠的其他连接方式。如果在双向叠合板板侧采用密拼整体式接缝形式，需在结构设计时采用合理计算模型分析。

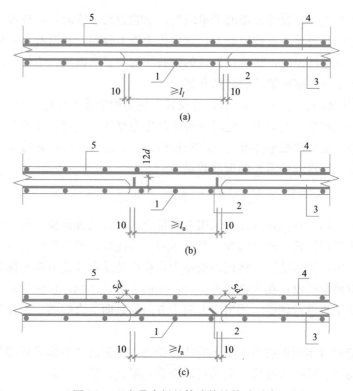

图 3-6　双向叠合板整体式接缝构造示意

（a）板底纵筋直线搭接；（b）板底纵筋末端带 90°弯钩搭接；（c）板底纵筋末端带 135°弯钩搭接

1—通长钢筋；2—纵向受力钢筋；3—预制板；4—后浇混凝土叠合层；5—后浇层内钢筋

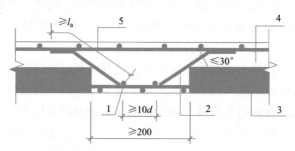

图 3-7　双向叠合板整体式接缝构造示意

1—通长构造钢筋；2—纵向受力钢筋；3—预制板；4—后浇混凝土叠合层；5—后浇层内钢筋

五、预制板与后浇混凝土叠合层间连接构造

在叠合板跨度较大、有相邻悬挑板的上部钢筋锚入等情况下，叠合面在外力、温度等作用下，截面上会产生较大的水平剪力，需配置界面抗剪构造钢筋来保证水平界面的抗剪能力。当有桁架钢筋时，可不单独配置抗剪钢筋；当没有桁架钢筋时，配置的抗剪钢筋可采用马镫形状，钢筋直径、间距及锚固长度应满足叠合面抗剪的要求。具体规定如下：

（1）当未设置桁架钢筋时，在下列情况下，叠合板的预制板与后浇混凝土叠合层之间应设置抗剪构造钢筋：

1）单向叠合板跨度大于 4.0m 时，距支座 1/4 跨范围内；

2）双向叠合板短向跨度大于 4.0m 时，距四边支座 1/4 短跨范围内；

3）悬挑叠合板；

4）悬挑板的上部纵向受力钢筋在相邻叠合板的后浇混凝土锚固范围内。

（2）叠合板的预制板与后浇混凝土叠合层之间设置的抗剪构造钢筋应符合下列规定：

1）抗剪构造钢筋宜采用马镫形状，间距不宜大于 400mm，钢筋直径 d 不应小于 6mm；

2）马镫钢筋宜伸到叠合板上、下部纵向钢筋处，预埋在预制板内的总长度不应小于 15d，水平段长度不应小于 50mm。

（3）阳台板、空调板宜采用叠合构件或预制构件。预制构应与主体结构可靠连接；叠合构件的负弯矩钢筋应在相邻叠合板的后浇混凝土中可靠锚固，叠合构件中预制板底钢筋的锚固应符合下列规定：

1）当板底为构造配筋时，其钢筋锚固应符合预制叠合板内的纵向受力钢筋板端支座处伸出并锚入支承梁或墙的后浇混凝土中的相关规定；

2）当板底为计算要求配筋时，钢筋应满足受拉钢筋的锚固要求。

六、桁架钢筋混凝土叠合板基本要求

（1）桁架钢筋应沿主要受力方向布置；

（2）桁架钢筋距板边不应大于 300mm，间距不宜大于 600mm；

（3）桁架钢筋弦杆钢筋直径不宜小于 8mm，腹杆钢筋直径不应小于 4mm；

（4）桁架钢筋弦杆混凝土保护层厚度不应小于 15mm。

七、桁架钢筋混凝土叠合板支承端构造

当桁架钢筋混凝土叠合板的后浇混凝土叠合层厚度不小于 100mm 且不小于预制板厚度的 1.5 倍时，预制板板底钢筋可采用分离式搭接锚固，预制板板底钢筋伸到预制板板端，在现浇层内设置附加钢筋伸入支座锚固，即支承端预制板内纵向受力钢筋采用间接搭接方式锚入支承梁或墙的后浇混凝土中，这种板底钢筋采用分离式搭接锚固的做法，有利于预制板加工，也方便施工。构造设置同时应符合下列规定（图 3-8）：

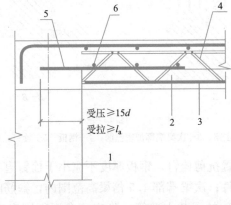

受压≥15d
受拉≥l_a

图 3-8　桁架钢筋混凝土叠合板板端构造示意

1—支承梁或墙；2—预制板；3—板底钢筋；4—桁架钢筋；5—附加钢筋；6—横向分布钢筋

（1）附加钢筋的面积应通过计算确定，且不应少于受力方向跨中板底钢筋面积的1/3；

（2）附加钢筋直径不宜小于8mm，间距不宜大于250mm；

（3）当附加钢筋为构造钢筋时，伸入楼板的长度不应小于与板底钢筋的受压搭接长度，伸入支座的长度不应小于15d（d为附加钢筋直径）且宜伸过支座中心线；当附加钢筋承受拉力时，伸入楼板的长度不应小于与板底钢筋的受拉搭接长度，伸入支座的长度不应小于受拉钢筋锚固长度；

（4）垂直于附加钢筋的方向应布置横向分布钢筋，在搭接范围内不宜少于3根，且钢筋直径不宜小于6mm，间距不宜大于250mm。

八、次梁与主梁的连接构造

次梁与主梁宜采用铰接连接，也可采用刚接连接。当采用铰接连接时，考虑到混凝土次梁与主梁连接节点的实际构造特点，在实际工程中很难完全实现理想的铰接连接节点，在次梁铰接端的端部实际受到部分约束，存在一定的负弯矩作用。为避免次梁端部产生负弯矩裂缝，需在次梁端部配置足够的上部纵向钢筋。具体连接形式可采用企口连接或钢企口连接形式。当次梁不直接承受动力荷载且跨度不大于9m时，可采用钢企口连接（图3-9），并应符合下列规定：

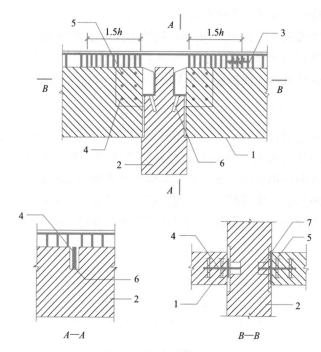

图3-9　钢企口接头示意

1—预制次梁；2—预制主梁；3—次梁端部加密箍筋；4—钢板；5—栓钉；6—预埋件；7—灌浆料

钢企口两侧应对称布置抗剪栓钉，钢板厚度不应小于栓钉直径的0.6倍；预制主梁与钢企口连接处应设置预埋件；次梁端部1.5倍梁高范围内，箍筋间距不应大于100mm。

钢企口接头（图3-10）的承载力验算，除应符合现行国家标准《混凝土结构设计规范》GB 50010、《钢结构设计标准》GB 50017的有关规定外，还应保证：

（1）钢企口接头能够承受施工及使用阶段的荷载；

（2）截面 A 处在施工及使用阶段的抗弯、抗剪强度满足安全要求；

（3）钢企口截面 B 处在施工及使用阶段的抗弯强度满足安全要求；

（4）凹槽内灌浆料未达到设计强度前，钢企口外挑部分的稳定性满足安全要求；

（5）栓钉的抗剪强度满足安全要求；钢企口搁置处的局部受压承载力满足安全要求。

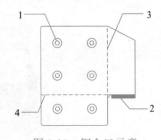

图 3-10　钢企口示意

1—栓钉；2—预埋件；3—截面 A；
4—截面 B

抗剪栓钉的布置，应符合下列规定：

（1）栓钉杆直径不宜大于 19mm，单侧抗剪栓钉排数及列数均不应小于 2；

（2）栓钉间距不应小于杆径的 6 倍且不宜大于 300mm；

（3）栓钉至钢板边缘的距离不宜小于 50mm，至混凝土构件边缘的距离不应小于 200mm；

（4）栓钉钉头内表面至连接钢板的净距不宜小于 30mm；

（5）栓钉顶面的保护层厚度不应小于 25mm。

主梁与钢企口连接处应设置附加横向钢筋，相关计算及构造要求应符合现行规范要求。

任务2　装配整体式框架结构节点设计

一、叠合梁的箍筋配置规定

（1）抗震等级为一、二级的叠合框架梁的梁端箍筋加密区宜采用整体封闭箍筋；当叠合梁受扭时宜采用整体封闭箍筋，且整体封闭箍筋的搭接部分宜设置在预制部分（图 3-11a）。

（2）当采用组合封闭箍筋（图 3-11b）时，开口箍筋上方两端应做成 135°弯钩，对框架梁弯钩平直段长度不应小于 10d（d 为箍筋直径），次梁弯钩平直段长度不应小于 5d。现场应采用箍筋帽封闭开口箍，箍筋帽宜两端做成 135°弯钩，也可做成一端 135°另一端 90°弯钩，但 135°弯钩和 90°弯钩应沿纵向受力钢筋方向交错设置，框架梁弯钩平直段长度不应小于 10d（d 为箍筋直径），次梁 135°弯钩平直段长度不应小于 10d。

采用叠合梁时，在施工条件允许的情况下，箍筋宜采用整体封闭箍筋。当采用整体封闭箍筋无法安装上部纵筋时，可采用组合封闭箍筋，即开口箍筋加箍筋帽的形式。研究表明，当箍筋帽两端均做成 135°弯钩时，叠合梁的性能与采用封闭箍筋的叠合梁一致。当箍筋帽做成一端 135°另一端 90°弯钩，但 135°和 90°弯钩交错放置时，在静力弯、剪及复合作用下，叠合梁的刚度、承载力等性能与采用封闭箍筋的叠合梁一致，在扭矩作用下，承载力略有降低。因此，规定在受扭的叠合梁中不宜采用此种形式。对于受往复荷载作用且采用组合封闭箍筋的叠合梁，当构件发生破坏时箍筋对混凝土及纵筋的约束作用略弱于整体封闭箍筋，因此在叠合框架梁梁端加密区中不建议采用组合封闭箍。

（3）框架梁箍筋加密区长度内的箍筋肢距：一级抗震等级，不宜大于 200mm 和 20 倍

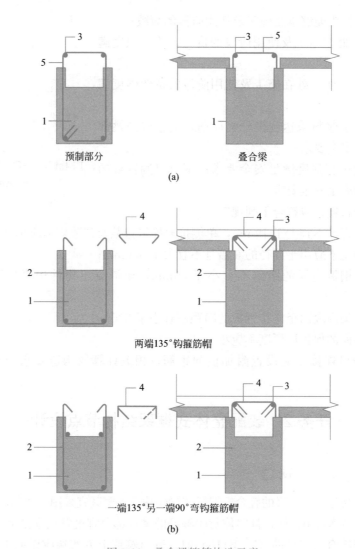

图 3-11　叠合梁箍筋构造示意

（a）采用整体封闭箍筋的叠合梁；（b）采用组合封闭箍筋的叠合梁

1—预制梁；2—开口箍筋；3—上部纵向钢筋；4—箍筋帽；5—封闭箍筋

箍筋直径的较大值，且不应大于 300mm；二、三级抗震等级，不宜大于 250mm 和 20 倍箍筋直径的较大值，且不应大于 350mm；四级抗震等级，不宜大于 300mm，且不应大于 400mm。

　　以上是对现行国家标准《混凝土结构设计规范》GB 50010 中的梁箍筋肢距要求进行的补充规定。当叠合梁的纵筋间距及箍筋肢距较小导致安装困难时，可以适当增大钢筋直径并增加纵筋间距和箍筋肢距。当梁纵筋直径较大且间距较大时，应注意控制梁的裂缝宽度。

二、预制柱的结构设计规定

　　（1）矩形柱截面边长不宜小于 400mm，圆形截面柱直径不宜小于 450mm，且不宜小于同方向梁宽的 1.5 倍。采用较大直径钢筋及较大的柱截面，可减少钢筋根数，增大间距，便于柱钢筋连接及节点区钢筋布置。要求柱截面宽度大于同方向梁宽的 1.5 倍，有利于避免节点区梁钢筋和柱纵向钢筋的位置冲突，便于安装施工。

（2）柱纵向受力钢筋在柱底连接时，柱箍筋加密区长度不应小于纵向受力钢筋连接区域长度与 500mm 之和；当采用套筒灌浆连接或浆锚搭接连接等方式时，套筒或搭接段上端第一道箍筋距离套筒或搭接段顶部不应大于 50mm（图 3-12）。研究表明，套筒连接区域柱截面刚度及承载力较大，柱的塑性铰区可能会上移至套筒连接区域以上，因此须将套筒连接区域以上至少 500mm 高度范围内的柱箍筋加密。预制柱箍筋可采用连续复合箍筋。

（3）柱纵向受力钢筋直径不宜小于 20mm，纵向受力钢筋的间距不宜大于 200mm，且不应大于 400mm。柱的纵向受力钢筋可集中于四角配置且宜对称布置。柱中可设置纵向辅助钢筋且直径不宜小于 12mm 和箍筋直径；当正截面承载力计算不计入纵向辅助钢筋时，纵向辅助钢筋可不伸入框架节点（图 3-13）。

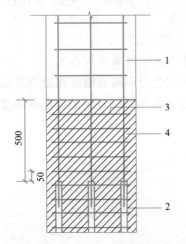

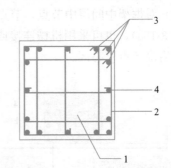

图 3-12　柱底箍筋加密区域构造示意
1—预制柱；2—连接接头（或钢筋连接区域）；
3—加密区箍筋；4—箍筋加密区（阴影区域）

图 3-13　柱集中配筋构造平面示意
1—预制柱；2—箍筋；3—纵向受力钢筋；
4—纵向辅助钢筋

根据采用较大间距纵筋的框架柱抗震性能试验，以及装配式框架梁柱节点的试验结果，当柱纵向钢筋面积相同时，纵向钢筋间距 480mm 和 160mm 的柱，其承载力和延性基本一致，均可采用现行规范中的方法进行设计。因此，为了提高装配式框架梁柱节点的安装效率和施工质量，当梁的纵筋和柱的纵筋在节点区位置有冲突时，柱可采用较大的纵筋间距，并将钢筋集中在角部布置。当纵筋间距较大导致箍筋肢距不满足现行规范要求时，可在受力纵筋之间设置辅助纵筋，并设置箍筋箍住辅助纵筋，可采用拉筋、菱形箍筋等形式，辅助纵筋可不伸入节点。为了保证对混凝土的约束作用，纵向辅助钢筋直径不宜过小。为了保证柱的延性，建议采用复合箍筋。

三、柱底后浇段箍筋要求

当上、下层相邻预制柱纵向受力钢筋采用挤压套筒连接时，柱底后浇段箍筋要求（图 3-14）如下：

（1）套筒上端第一道箍筋距离套筒顶部不应大于 20mm，柱底部第一道箍筋距柱底面不应大于 50mm，箍筋间距不宜大于 75mm；

（2）抗震等级为一、二级时，箍筋直径不应小于 10mm，抗震等级为三、四级时，箍筋直径不应小于 8mm。

预制柱底设置支腿，目的是方便施工安装。支腿的高度可根据挤压套筒施工工艺确定。支腿可采用方钢管混凝土，其截面尺寸可根据施工安装确定，柱底后浇段的箍筋应满足柱端箍筋加密区的构造要求及配箍特征值的要求。

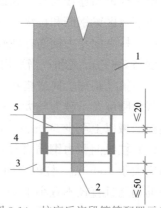

图 3-14　柱底后浇段箍筋配置示意
1—预制柱；2—支腿；3—柱底后浇段；
4—挤压套筒；5—箍筋

四、梁纵筋伸入后浇节点区锚固连接要求

采用预制柱及叠合梁的装配整体式框架节点，梁纵向受力钢筋应伸入后浇节点区内锚固或连接，并应符合下列规定：

（1）框架梁预制部分的腰筋不承受扭矩时，可不伸入梁柱节点核心区。

（2）对框架中间层中节点，节点两侧的梁下部纵向受力钢筋宜锚固在后浇节点核心区内（图 3-15a），也可采用机械连接或焊接的方式连接（图 3-15b）；梁的上部纵向受力钢筋应贯穿后浇节点核心区。

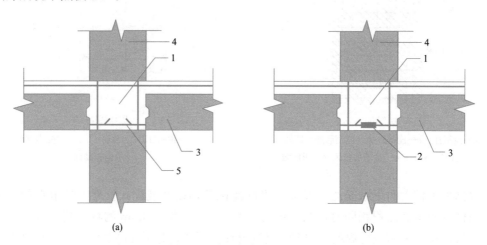

(a)　　　　　　　(b)

图 3-15　预制柱及叠合梁框架中间层中节点构造示意
（a）梁下部纵向受力钢筋锚固；（b）梁下部纵向受力钢筋连接
1—后浇区；2—梁下部纵向受力钢筋连接；3—预制梁；4—预制柱；5—梁下部纵向受力钢筋锚固

（3）对框架中间层端节点，当柱截面尺寸不满足梁纵向受力钢筋的直线锚固要求时，宜采用锚固板锚固（图 3-16），也可采用 90°弯折锚固。

（4）对框架顶层中节点，梁纵向受力钢筋的构造应与中间层中节点规定相同。柱纵向受力钢筋宜采用直线锚固；当梁截面尺寸不满足直线锚固要求时，宜采用锚固板锚固（图 3-17）。

（5）对框架顶层端节点，柱宜伸出屋面并将柱纵向受力钢筋锚固在伸出段内，柱纵向受力钢筋宜采用锚固板的锚固方式，此时锚固长度不应小于 $0.6l_{abE}$。伸出段内箍筋直径不

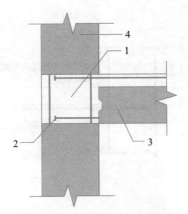

图 3-16　预制柱及叠合梁框架中间层端节点构造示意

1—后浇区；2—梁纵向钢筋锚固；3—预制梁；4—预制柱

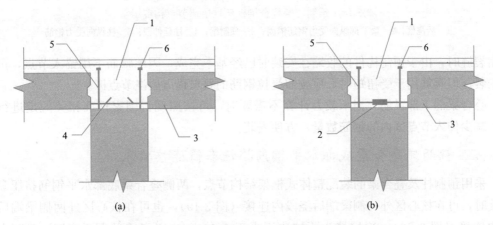

(a)　　　　　　　　　　　　　(b)

图 3-17　预制柱及叠合梁框架顶层中节点构造示意

(a) 梁下部纵向受力钢筋锚固；(b) 梁下部纵向受力钢筋机械连接

1—后浇区；2—梁下部纵向受力钢筋连接；3—预制梁；4—梁下部纵向受力钢筋锚固；

5—柱纵向受力钢筋；6—锚固板

应小于 $d/4$（d 为柱纵向受力钢筋的最大直径），伸出段内箍筋间距不应大于 $5d$（d 为柱纵向受力钢筋的最小直径）且不应大于 100mm；梁纵向受力钢筋应锚固在后浇节点区内，且宜采用锚固板的锚固方式，此时锚固长度不应小于 $0.6l_{abE}$（图 3-18）。

在预制柱叠合梁框架节点中，梁钢筋在节点中锚固及连接方式是决定施工可行性以及节点受力性能的关键。梁、柱构件尽量采用较粗直径、较大间距的钢筋布置方式，节点区的主梁钢筋较少，有利于节点的装配施工，保证施工质量。设计过程中，应充分考虑到施工装配的可行性，合理确定梁、柱截面尺寸及钢筋的数量、间距及位置等。在十字形节点中，两侧梁的钢筋在节点区内锚固时，位置可能冲突，可采用弯折避让的方式，弯折角度不宜大于 1∶6。节点区施工时，应注意合理安排节点区箍筋、预制梁、梁上部钢筋的安装顺序，控制节点区箍筋的间距满足要求。由低周反复荷载试验研究表明，在保证构造措施与施工质量时，上述形式节点均具有良好的抗震性能，与现浇节点基本等同。

叠合梁预制部分的腰筋一般用于控制梁的收缩裂缝，有时用于受扭。当主要用于控制

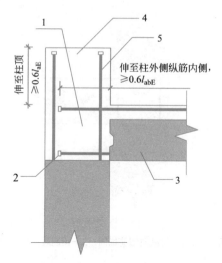

图 3-18　预制柱及叠合梁框架顶层端节点构造示意

1—后浇区；2—梁下部纵向受力钢筋锚固；3—预制梁；4—柱延伸段；5—柱纵向受力钢筋

收缩裂缝时，由于预制构件的收缩在安装时已经基本完成，因此腰筋不用锚入节点，可简化安装。但腰筋用于受扭矩时，应按照受拉钢筋的要求锚入后浇节点区。

　　叠合梁的下部纵筋，当承载力计算不需要时，可按照现行国家标准相关规定进行截断，减少伸入节点区内的钢筋数量，方便安装。

五、柱两侧叠合梁底部水平钢筋挤压套筒连接要求

　　采用预制柱及叠合梁的装配整体式框架结构节点，两侧叠合梁底部水平钢筋挤压套筒连接时，可在核心区外一侧梁端后浇段内连接（图 3-19），也可在核心区外两侧梁端后浇段内连接（图 3-20），连接接头距柱边不小于 $0.5h_b$（h_b 为叠合梁截面高度）且不小于

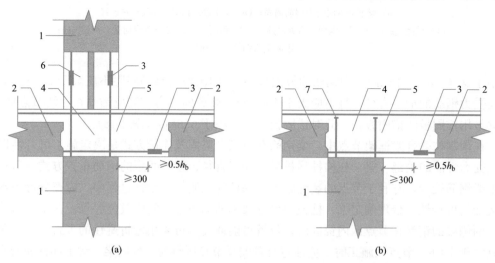

图 3-19　框架节点叠合梁底部水平钢筋在一侧梁端后浇段内采用挤压套筒连接示意

（a）中间层；（b）顶层

1—预制柱；2—叠合梁预制部分；3—挤压套筒；4—后浇区；5—梁端后浇段；6—柱底后浇段；7—锚固板

300mm，叠合梁后浇叠合层顶部的水平钢筋应贯穿后浇核心区。叠合梁底部水平钢筋在梁端后浇段采用挤压套筒连接，这种预制柱-叠合梁装配整体式框架中节点试件试验表明，可以按试验设计要求实现梁端弯曲破坏和核心区剪切破坏，承载力试验值大于规范公式的计算值，极限位移角大于1/30；梁端后浇段内，箍筋宜适当加密并应满足下列要求：

（1）箍筋间距不宜大于75mm；

（2）抗震等级为一、二级时，箍筋直径不应小于10mm，抗震等级为三、四级时，箍筋直径不应小于8mm。

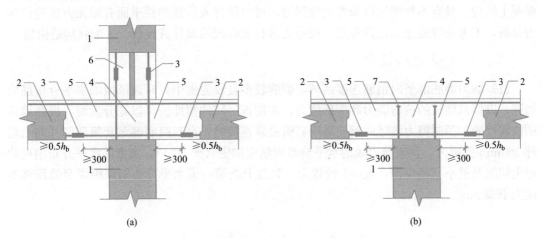

图3-20　框架节点叠合梁底部水平钢筋在两侧梁端后浇段内采用挤压套筒连接示意
（a）中间层；（b）顶层
1—预制柱；2—叠合梁预制部分；3—挤压套筒；4—后浇区；5—梁端后浇段；6—柱底后浇段；7—锚固板

六、抗震设计的延性要求

抗震设计中，为保证后张预应力混凝土框架结构的延性要求，梁端塑性铰应具有足够的塑性转动能力。国内外研究表明，将后张预应力混凝土叠台梁设计为部分预应力混凝土，即采用预应力筋与非预应力筋混合配筋的方式，对于保证后张预应力装配整体式混凝土框架结构的延性具有良好的作用。装配整体式框架采用后张预应力叠合梁时，应符合现行行业标准《预应力混凝土结构设计规范》JGJ 369、《预应力混凝土结构抗震设计规程》JGJ 140及《无粘结预应力混凝土结构技术规程》JGJ 92的有关规定。

任务3　装配整体式剪力墙结构节点设计

一、一般规定

对同一层内既有现浇墙肢也有预制墙肢的装配整体式剪力墙结构，现浇墙肢水平地震作用弯矩、剪力宜乘以不小于1.1的增大系数。

预制剪力墙的接缝对其抗侧刚度有一定的削弱作用，应考虑对弹性计算的内力进行调整，适当放大现浇墙肢在水平地震作用下的剪力和弯矩；预制剪力墙的剪力及弯矩不减小，偏于安全，放大系数宜根据现浇墙肢与预制墙肢弹性剪力的比例确定。

装配整体式剪力墙结构的布置应满足下列要求：

（1）应沿两个方向布置剪力墙；

（2）剪力墙平面布置宜简单、规则，自下而上宜连续布置，避免层间侧向刚度突变；

（3）剪力墙门窗洞口宜上下对齐、成列布置，形成明确的墙肢和连梁；抗震等级为一、二、三级的剪力墙底部加强部位不应采用错洞墙，结构全高均不应采用叠合错洞墙。

上述要求是对装配整体式剪力墙结构的规则性提出要求，在建筑方案设计中，应注意结构的规则性。如某些楼层出现扭转不规则及侧向刚度不规则与承载力突变，宜采用现浇混凝土结构。具有不规则洞口布置的错洞墙，可由设计人员按弹性平面有限元方法进行应力分析，不考虑混凝土的抗拉作用，按应力进行截面配筋设计或校核，并加强构造措施。

二、预制剪力墙设计

（1）剪力墙底部竖向钢筋连接区域，裂缝较多且较为集中，对该区域的水平分布筋应加强，以提高墙板的抗剪能力和变形能力，并使该区域的塑性铰可以充分发展，提高墙板的抗震性能。预制剪力墙竖向钢筋采用套筒灌浆连接时，自套筒底部至套筒顶部并向上延伸300mm范围内，预制剪力墙的水平分布钢筋应加密（图3-21），加密区水平分布钢筋的最大间距及最小直径应符合表3-1的规定，套筒上端第一道水平分布钢筋距离套筒顶部不应大于50mm。

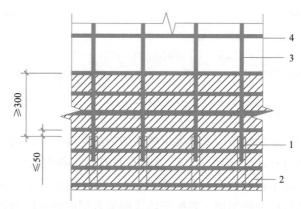

图 3-21　钢筋套筒灌浆连接部位水平分布钢筋加密构造示意

1—灌浆套筒；2—水平分布钢筋加密区域（阴影区域）；3—竖向钢筋；4—水平分布钢筋

加密区水平分布钢筋的要求　　　　　　　　　　　　　　　　表 3-1

抗震等级	最大间距(mm)	最小直径(mm)
一、二级	100	8
三四级	150	8

（2）预制剪力墙竖向钢筋采用浆锚搭接连接时，应符合下列规定：

墙体底部预留灌浆孔道直线段长度应大于下层预制剪力墙连接钢筋伸入孔道内的长度30mm，孔道上部应根据灌浆要求设置合理弧度。孔道直径不宜小于40mm和2.5d（d为伸入孔道的连接钢筋直径）的较大值，孔道之间的水平净间距不宜小于50mm；孔道外壁至剪力墙外表面的净间距不宜小于30mm。当采用预埋金属波纹管成孔时（图3-22），金

图 3-22　金属波纹管浆锚搭接连接

属波纹管的钢带厚度及波纹高度应符合规范规定；当采用其他成孔方式时，应对不同预留成孔工艺、孔道形状、孔道内壁的粗糙度或花纹深度及间距等形成的连接接头进行力学性能以及适用性的试验验证。

竖向钢筋连接长度范围内的水平分布钢筋应加密（图 3-23），加密范围自剪力墙底部至预留灌浆孔道顶部，且不应小于 300mm。加密区水平分布钢筋的最大间距及最小直径应符合表 3-1 的规定，最下层水平分布钢筋距离墙身底部不应大于 50mm。剪力墙竖向分布钢筋连接长度范围内未采取有效横向约束措施时，水平分布钢筋加密范围内的拉筋应加密；拉筋沿竖向的间距不宜大于 300mm 且不少于 2 排；拉筋沿水平方向的间距不宜大于竖向分布钢筋间距，直径不应小于 6mm；拉筋应紧靠被连接钢筋，并钩住最外层分布钢筋。

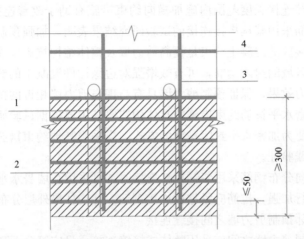

图 3-23　钢筋浆锚搭接连接部位水平分布钢筋加密构造示意

1—预留灌浆孔道；2—水平分布钢筋加密区域（阴影区域）；3—竖向钢筋；4—水平分布钢筋

边缘构件竖向钢筋连接长度范围内应采取加密水平封闭箍筋的横向约束措施或其他可靠措施。当采用加密水平封闭箍筋约束时，应沿预留孔道直线段全高加密。箍筋沿竖向的间距，一级不应大于 75mm，二、三级不应大于 100mm，四级不应大于 150mm；箍筋沿水平方向的肢距不应大于竖向钢筋间距，且不宜大于 200mm；箍筋直径一、二级不应小于 10mm，三、四级不应小于 8mm，宜采用焊接封闭箍筋（图 3-24）。

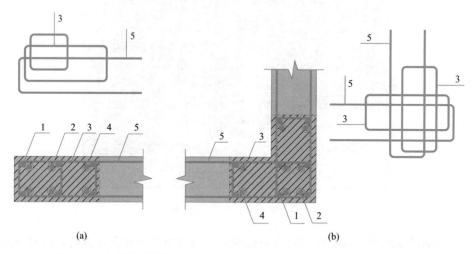

图 3-24　钢筋浆锚搭接连接长度范围内加密水平封闭箍筋约束构造示意

(a) 暗柱；(b) 转角墙

1—上层预制剪力墙边缘构件竖向钢筋；2—下层剪力墙边缘构件竖向钢筋；3—封闭箍筋；

4—预留灌浆孔道；5—水平分布钢筋

钢筋浆锚搭接连接方法主要适用于钢筋直径 18mm 及以下的装配整体式剪力墙结构竖向钢筋连接。该连接技术已开展了多项试验研究和细部构造改进，并已在多个高层装配式剪力墙住宅工程中应用，在总结相关试验研究成果及工程应用经验的基础上做出了上述规定。预制剪力墙中预留灌浆孔道的构造规定是参照后张法预应力构件中预留孔道的构造给出的。

对钢筋浆锚搭接连接长度范围内施加横向约束措施有助于改善连接区域的受力性能。预制剪力墙竖向钢筋采用浆锚搭接连接的试验研究结果表明，加强预制剪力墙边缘构件部位底部浆锚搭接连接区的混凝土约束是提高剪力墙及整体结构抗震性能的关键。通过加密钢筋浆锚搭接连接区域的封闭箍筋，可有效增强对边缘构件混凝土的约束，进而提高浆锚搭接连接钢筋的传力效果，保证预制剪力墙具有与现浇剪力墙相近的抗震性能。预制剪力墙边缘构件区域加密水平箍筋约束措施的具体构造要求主要根据试验研究确定。目前有效的横向约束措施主要为加密水平封闭箍筋的方式。当采用其他约束措施时，应有理论、试验依据或经工程实践验证。

预制剪力墙竖向分布钢筋采用浆锚搭接连接时，可采用在墙身水平分布钢筋加密区域增设拉筋的方式进行加强，拉筋应紧靠被连接钢筋，并钩住最外层分布钢筋。

（3）楼层内相邻预制剪力墙之间接缝连接

楼层内相邻预制剪力墙之间应采用整体式接缝连接，且应符合下列规定：

当接缝位于纵横墙交接处的约束边缘构件区域时，约束边缘构件的阴影区域（图 3-25）

宜全部采用后浇混凝土，并应在后浇段内设置封闭箍筋。当接缝位于纵横墙交接处的构造边缘构件区域时，构造边缘构件宜全部采用后浇混凝土（图 3-26），当仅在一面墙上设置后浇段时，后浇段的长度不宜小于 300mm（图 3-27）。

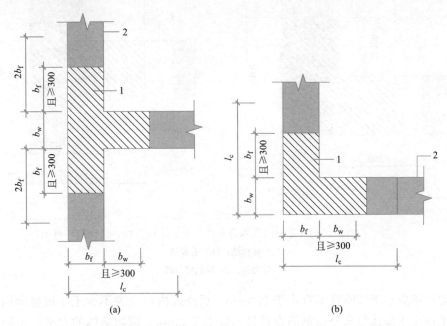

图 3-25　约束边缘构件阴影区域全部后浇构造示意（阴影区域为斜线填充范围）

（a）有翼墙；（b）转角墙

1—后浇段；2—预制剪力墙

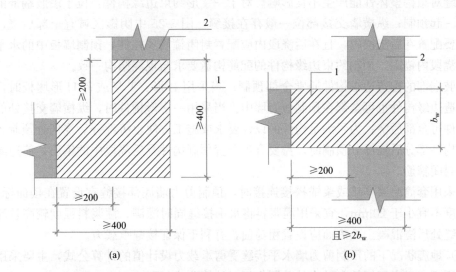

图 3-26　构造边缘构件全部后浇构造示意（阴影区域为构造边缘构件范围）

（a）转角墙；（b）有翼墙

1—后浇段；2—预制剪力墙

边缘构件内的配筋及构造要求、预制剪力墙的水平分布钢筋在后浇段内的锚固、连接应符合规范中抗震的有关规定。非边缘构件位置，相邻预制剪力墙之间应设置后浇段，后

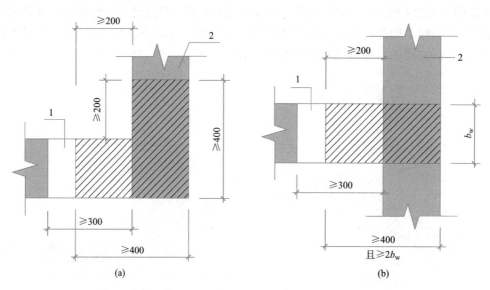

图 3-27　构造边缘构件部分后浇构造示意（阴影区域为构造边缘构件范围）
（a）转角墙；（b）有翼墙
1—后浇段；2—预制剪力墙

浇段的宽度不应小于墙厚且不宜小于 200mm；后浇段内应设置不少于 4 根竖向钢筋，钢筋直径不应小于墙体竖向分布钢筋直径且不应小于 8mm；两侧墙体的水平分布钢筋在后浇段内的连接应符合规定。

确定剪力墙竖向接缝位置的主要原则是便于标准化生产、吊装、运输和就位，并尽量避免接缝对结构整体性能产生不良影响。对于一字形约束边缘构件，位于墙肢端部的通常与墙板一起预制；纵横墙交接部位一般存在接缝，图 3-25 中阴影区域宜全部后浇，纵向钢筋主要配置在后浇段内，且在后浇段内应配置封闭箍筋及拉筋，预制墙板中的水平分布筋在后浇段内锚固。预制约束边缘构件的配筋构造要求与现浇结构一致。

墙肢端部的构造边缘构件通常全部预制；当采用 L 形、T 形或者 U 形墙板时，拐角处的构造边缘构件也可全部在预制剪力墙中。当采用一字形构件时，纵横墙交接处的构造边缘构件可全部后浇；为了满足构件的设计要求或施工方便也可部分后浇部分预制。当构造边缘构件部分后浇部分预制时，需要合理布置预制构件及后浇段中的钢筋，使边缘构件内形成封闭箍筋。

当采用套筒灌浆连接或浆锚搭接连接时，预制剪力墙底部接缝宜设置在楼面标高处。接缝高度不宜小于 20mm，宜采用灌浆料将水平接缝同时灌满。灌浆料强度较高且流动性好，接缝处后浇混凝土上表面应设置粗糙面，有利于保证接缝承载力。

（4）地震状况下的预制剪力墙水平接缝受剪承载力设计值的计算公式，主要采用剪切摩擦的原理，考虑了钢筋和轴力的共同作用。计算公式如下：

$$V_{uE} = 0.6 f_y A_{sd} + 0.8N \tag{3-1}$$

式中：V_{uE}——剪力墙水平接缝受剪承载力设计值（N）；

　　　f_y——垂直穿过结合面的竖向钢筋抗拉强度设计值（N/mm²）；

　　　A_{sd}——垂直穿过结合面的竖向钢筋面积（mm²）；

N——与剪力设计值 V 相应的垂直于结合面的轴向力设计值（N），压力时取正值，拉力时取负值；当大于 $0.6f_cbh_0$ 时，取为 $0.6f_ybh_0$；此处 f_c 为混凝土轴心抗压强度设计值，b 为剪力墙厚度，h_0 为剪力墙截面有效高度。

进行预制剪力墙底部水平接缝受剪承载力计算时，计算单元的选取分以下三种情况：不开洞或者开小洞口整体墙，作为一个计算单元；小开口整体墙可作为一个计算单元，各墙肢联合抗剪；开口较大的双肢及多肢墙，各墙肢作为单独的计算单元。

（5）上下层预制剪力墙的竖向钢筋连接

边缘构件是保证剪力墙抗震性能的重要构件，且钢筋较粗，每根钢筋应逐根连接。所以，参照现行行业标准有关规定，预制剪力墙的竖向分布钢筋宜采用双排连接，根据具体情况和要求也可采用"梅花形"部分连接或单排连接。

剪力墙的分布钢筋直径小且数量多，全部连接会导致施工烦琐且造价较高，连接接头数量太多对剪力墙的抗震性能也有不利影响，故允许剪力墙非边缘构件内的竖向分布钢筋采用"梅花形"部分连接。

但应注意，墙身分布钢筋采用单排连接时，属于间接连接，钢筋间接连接的传力效果取决于连接钢筋与被连接钢筋的间距以及横向约束情况，考虑到地震作用的复杂性，在没有充分依据的情况下，剪力墙塑性发展集中和延性要求较高的部位墙身分布钢筋不宜采用单排连接。在墙身竖向分布钢筋采用单排连接时，为提高墙肢的稳定性，对墙肢侧向楼板支撑和约束情况提出了要求，对无翼墙或翼墙间距太大的墙肢，限制墙身分布钢筋采用单排连接。

对于抗震等级为一级的剪力墙以及二、三级底部加强部位的剪力墙，剪力墙的边缘构件竖向钢筋宜采用套筒灌浆连接。

（6）上下层预制剪力墙竖向钢筋套筒灌浆连接规定

竖向分布钢筋采用"梅花形"部分连接时（图3-28），连接钢筋的配筋率不应小于抗震规定的剪力墙竖向分布钢筋最小配筋率要求，连接钢筋的直径不应小于12mm，同侧间距不应大于600mm，且在剪力墙构件承载力设计和分布钢筋配筋率计算中不得计入未连接的分布钢筋；未连接的竖向分布钢筋直径不应小于6mm。

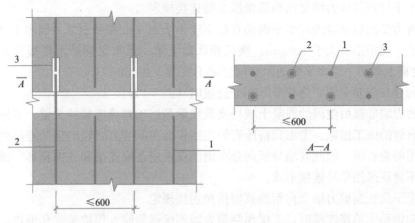

图 3-28 竖向分布钢筋"梅花形"套筒灌浆连接构造示意

1—未连接的竖向分布钢筋；2—连接的竖向分布钢筋；3—灌浆套筒

竖向分布钢筋采用单排连接时（图 3-29），应满足正截面承载力要求；为控制连接钢筋和被连接钢筋之间的间距，限定只能采用一根连接钢筋与两根被连接钢筋进行连接，剪力墙两侧竖向分布钢筋与配置于墙体厚度中部的连接钢筋搭接连接，连接钢筋位于内、外侧被连接钢筋的中间；连接钢筋受拉承载力不应小于上下层被连接钢筋受拉承载力较大值的 1.1 倍，间距不宜大于 300mm。下层剪力墙连接钢筋自下层预制墙顶算起的埋置长度不应小于 $1.2l_{aE} + b_w/2$（b_w 为墙体厚度），上层剪力墙连接钢筋自套筒顶面算起的埋置长度不应小于 l_{aE}，上层连接钢筋顶部至套筒底部的长度尚不应小于 $1.2l_{aE} + b_w/2$，l_{aE} 按连接钢筋直径计算（l_{aE} 为纵向受拉钢筋的抗震锚固长度，按照相关规范进行查表或计算）。

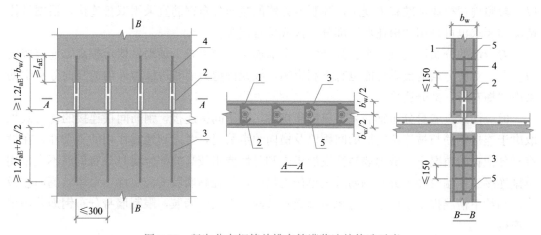

图 3-29　竖向分布钢筋单排套筒灌浆连接构造示意

1—上层预制剪力墙竖向分布钢筋；2—灌浆套筒；3—下层剪力墙连接钢筋；4—上层剪力墙连接钢筋；5—拉筋

为增强连接区域的横向约束，对连接区域的水平分布钢筋进行加密，并增设横向拉筋，拉筋应同时满足间距、直径和配筋面积要求。具体要求为：钢筋连接长度范围内应配置拉筋，同一连接接头内的拉筋配筋面积不应小于连接钢筋的面积；拉筋沿竖向的间距不应大于水平分布钢筋间距，且不宜大于 150mm；拉筋沿水平方向的间距不应大于竖向分布钢筋间距，直径不应小于 6mm；拉筋应紧靠连接钢筋，并钩住最外层分布钢筋。

（7）上下层预制剪力墙竖向钢筋挤压套筒连接规定

预制剪力墙底后浇段内的水平钢筋直径不应小于 10mm 和预制剪力墙水平分布钢筋直径的较大值，间距不宜大于 100mm；楼板顶面以上第一道水平钢筋距楼板顶面不宜大于 50mm，套筒上端第一道水平钢筋距套筒顶部不宜大于 20mm（图 3-30）。

当竖向分布钢筋采用"梅花形"部分连接时（图 3-31）。

预制剪力墙底部后浇段的混凝土现场浇筑质量是挤压套筒连接的关键，实际工程应用时应采取有效的施工措施。考虑到挤压套筒连接作为预制剪力墙竖向钢筋连接的一种新技术，其应用经验有限，因此其墙身竖向分布钢筋仅采用逐根连接和"梅花形"部分连接两种形式，不建议采用单排连接形式。

（8）上下层预制剪力墙竖向钢筋浆锚搭接连接规定

当竖向钢筋非排连接时，下层预制剪力墙连接钢筋伸入预留灌浆孔道内的长度不应小于 $1.2l_{aE}$（图 3-32）。

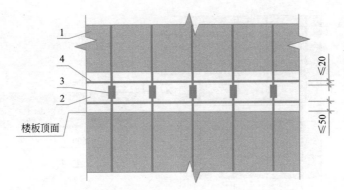

图 3-30　预制剪力墙底后浇段水平钢筋配置示意

1—预制剪力墙；2—墙底后浇段；3—挤压套筒；4—水平钢筋

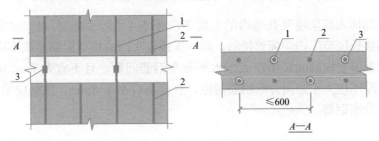

图 3-31　竖向分布钢筋"梅花形"挤压套筒连接构造示意

1—连接的竖向分布钢筋；2—未连接的竖向分布钢筋；3—挤压套筒

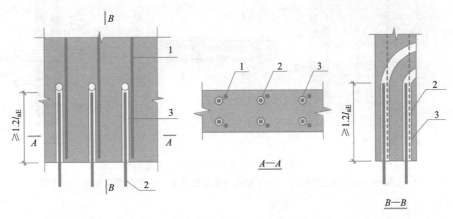

图 3-32　竖向钢筋浆锚搭接连接构造示意

1—上层预制剪力墙竖向钢筋；2—下层剪力墙竖向钢筋；3—预留灌浆孔道

当竖向分布钢筋采用"梅花形"部分连接时（图 3-33）。

预制剪力墙竖向分布钢筋浆锚连接接头采用单排连接形式时（图 3-34），为增强连接区域的横向约束，对其连接构造提出了相关要求。剪力墙两侧竖向分布钢筋与配置于墙体厚度中部的连接钢筋搭接连接，连接钢筋位于内、外侧被连接钢筋的中间；连接钢筋受拉承载力不应小于上下层被连接钢筋受拉承载力较大值的 1.1 倍，间距不宜大于 300mm。连接钢筋自下层剪力墙顶算起的埋置长度不应小于 $1.2l_{aE}+b_w/2$（b_w 为墙体厚度），自上

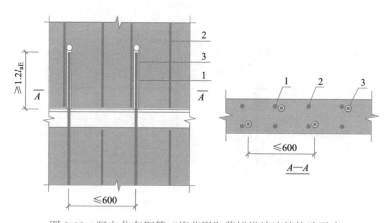

图 3-33 竖向分布钢筋"梅花形"浆锚搭接连接构造示意

1—连接的竖向分布钢筋；2—未连接的竖向分布钢筋；3—预留灌浆孔道

层预制墙体底部伸入预留灌浆孔道内的长度不应小于 $1.2l_{aE}+b_w/2$，l_{aE} 按连接钢筋直径计算。钢筋连接长度范围内应配置拉筋，同一连接接头内的拉筋配筋面积不应小于连接钢筋的面积；拉筋沿竖向的间距不应大于水平分布钢筋间距，且不宜大于 150mm；拉筋沿水平方向的肢距不应大于竖向分布钢筋间距，直径不应小于 6mm；拉筋应紧靠连接钢筋，并钩住最外层分布钢筋。

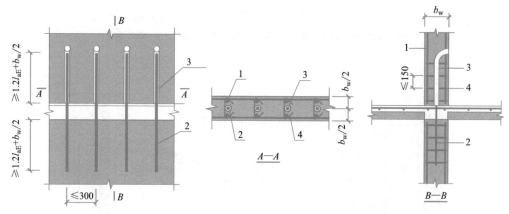

图 3-34 竖向分布钢筋单排浆锚搭接连接构造示意

1—上层预制剪力墙竖向钢筋；2—下层剪力墙连接钢筋；3—预留灌浆孔道；4—拉筋

任务 4 多层装配式墙板结构节点设计

多层装配式墙板结构仅针对我国中小城镇建设中的多层住宅建筑，适用于抗震设防类别为丙类的多层装配式墙板住宅结构设计，规范主要从提高工效的角度出发，结合相关研究成果对多层装配式墙板结构进行规定。

为控制地震作用、降低震害程度，提出多层装配式墙板结构房屋的最大适用层数和适用高度的规定（表 3-2），为避免出现房屋外墙轮廓平面尺寸过小，对多层装配式墙板结构房屋的高宽比进行了规定（表 3-3）。

多层装配式墙板结构的最大适用层数和最大适用高度 表 3-2

设防烈度	6 度	7 度	8 度(0.2g)
最大适用层数	9	8	7
最大适用高度(m)	28	24	21

多层装配式墙板结构适用的最大高宽比 表 3-3

设防烈度	6 度	7 度	8 度(0.2g)
最大高宽比	3.5	3.0	2.5

一、多层装配式墙板结构设计规定

结构抗震等级在设防烈度为 8 度时取三级，设防烈度 6、7 度时取四级；综合考虑墙体稳定性、预制墙板生产运输及安装需求，要求预制墙板截面厚度不宜小于 140mm，且不宜小于层高的 1/25；由于多层装配式墙板结构的预制墙板厚度一般较小，为了保证墙肢的抗震性能，提出了预制墙板的轴压比限值，三级时不应大于 0.15，四级时不应大于 0.2；轴压比计算时，墙体混凝土强度等级超过 C40，按 C40 计算。

二、墙板交接处水平钢筋锚环灌浆连接构造

多层装配式墙板结构纵横墙板交接处及楼层内相邻承重墙板之间可采用水平钢筋锚环灌浆连接（图 3-35），并应符合下列规定：

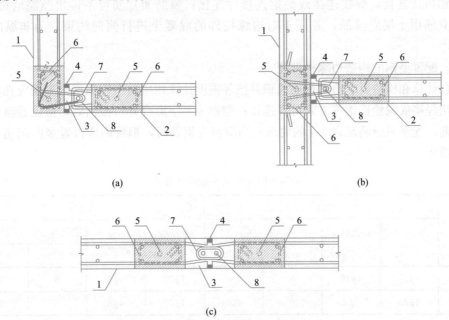

(a)

(b)

(c)

图 3-35 水平钢筋锚环灌浆连接构造示意

(a) L 形节点构造示意；(b) T 形节点构造示意；(c) 一字形节点构造示意

1—纵向预制墙体；2—横向预制墙体；3—后浇段；4—密封条；5—边缘构件纵向受力钢筋；

6—边缘构件箍筋；7—预留水平钢筋锚环；8—节点后插纵筋

（1）应在交接处的预制墙板边缘设置构造边缘构件。

（2）竖向接缝处应设置后浇段，后浇段横截面面积不宜小于 0.01m²，且截面边长不宜小于 80mm；后浇段应采用水泥基灌浆料灌实，水泥基灌浆料强度不应低于预制墙板混凝土强度等级。

（3）预制墙板侧边应预留水平钢筋锚环，锚环钢筋直径不应小于预制墙板水平分布筋直径，锚环间距不应大于预制墙板水平分布筋间距；同一竖向接缝左右两侧预制墙板预留水平钢筋锚环的竖向间距不宜大于 $4d$（d 为水平钢筋锚环的直径），且不应大于 50mm；水平钢筋锚环在墙板内的锚固长度应满足有关规定；竖向接缝内应配置截面面积不小于 200mm² 的节点后插纵筋，且应插入墙板侧边的钢筋锚环内；上下层节点后插筋可不连接。

楼层内相邻承重墙板之间的拼缝采用锚环连接时，可不设置构造边缘构件。

三、预制墙板构造边缘构件的设置

预制墙板应在水平或竖向尺寸大于 800mm 的洞边、一字墙墙体端部、纵横墙交接处设置构造边缘构件，并应满足下列要求：

（1）配置钢筋的构造边缘构件规定

构造边缘构件截面高度不宜小于墙厚，且不宜小于 200mm，截面宽度同墙厚。构造边缘构件内应配置纵向受力钢筋、箍筋、箍筋架立筋，构造边缘构件的纵向钢筋应满足设计和构造要求。上下层构造边缘构件纵向受力钢筋应直接连接，可采用灌浆套筒连接、浆锚搭接连接、焊接连接或型钢连接件连接；箍筋架立筋可不伸出预制墙板表面。箍筋架立筋用于架立箍筋，并用于对边缘构件的混凝土进行侧向约束，为非纵向受力钢筋。

（2）配置型钢的构造边缘构件规定

根据计算和构造要求得到钢筋面积并按等强度计算相应的型钢截面；型钢应在水平缝位置采用焊接或螺栓连接等方式可靠连接；型钢为一字形或开口截面时，应设置箍筋和箍筋架立筋，配筋量应满足表 3-4 的要求；当型钢为钢管时，钢管内应设置竖向钢筋并采用灌浆料填实。

构造边缘构件的构造配筋要求　　　　　　　　　　　　表 3-4

抗震等级	底层				其他层			
	纵筋最小量	箍筋架立筋最小量	箍筋（mm）		纵筋最小量	箍筋架立筋最小量	箍筋（mm）	
			最小直径	最大间距			最小直径	最大间距
三级	1ϕ25	4ϕ10	6	150	1ϕ22	4ϕ8	6	200
四级	1ϕ22	4ϕ8	6	200	1ϕ20	4ϕ8	6	250

任务5　外挂墙板节点设计

外挂墙板是由混凝土板和门窗等围护构件组成的完整结构体系，主要承受自重以及直接作用于其上的风荷载、地震作用、温度作用等。同时，外挂墙板也是建筑物的外围护结构，其本身不分担主体结构承受的荷载和地震作用。作为建筑物的外围护结构，绝大多数外挂墙板均附着于主体结构，其本身必须具有足够的承载能力，避免在风荷载等作用下破碎或脱落。尤其在沿海地区，应该在设计中重视台风袭击影响。除个别台风引起的灾害之外，在风荷载作用下，外挂墙板与主体结构之间的连接件发生拔出、拉断等严重破坏的情况相对较少见，主要问题是保证墙板系统自身的变形能力和适应外界变形的能力，避免因主体结构过大的变形而产生破坏。

在地震作用下，墙板构件会受到强烈的动力作用，相对更容易发生破坏。防止或减轻地震危害的主要途径，是在保证墙板本身有足够的承载能力的前提下，加强抗震构造措施。在多遇地震作用下，墙板一般不应产生破坏，或虽有微小损坏但不需修理仍可正常使用；在设防烈度地震作用下，墙板可能有损坏，如个别面板破损等，但不应有严重破坏，经一般修理后仍然可以使用；在预估的罕遇地震作用下，墙板自身可能产生比较严重的破坏，但墙板整体不应脱落、倒塌。这与我国现行国家标准抗震设计规范的指导思想是一致的。

综上所述，外挂墙板的设计和抗震构造措施，应保证在正常使用状态下具有良好的工作性能；在多遇地震作用下应能正常使用；在设防烈度地震作用下经修理后应仍可使用；在预估的罕遇地震作用下不应整体脱落。

一、外挂墙板连接节点设计基本原则

建筑外挂墙板支承在主体结构上，主体结构在荷载、地震作用、温度作用下会产生变形，如水平位移和竖向位移等，这些变形可能会对外墙挂板产生不良影响，应尽量避免。除了结构计算外，构造设计措施是保证外挂墙板变形能力的重要手段，如必要的胶缝宽度、构件之间的弹性或活动连接等。

外挂墙板平面内变形，是由于建筑物受风荷载或地震作用时层间发生相对位移产生的。由于计算主体结构的变形时，所采用的风荷载、地震作用计算方法不同，故外挂墙板平面内变形要求应区分是否为抗震设计。地震作用时，可近似取主体结构在设防地震作用下弹性层间位移限值的 3 倍为控制指标，即外挂墙板与主体结构的连接节点在墙板平面内应具有不小于主体结构在设防烈度地震作用下弹性层间位移角 3 倍的变形能力，大致相当于罕遇地震作用下的层间位移。

二、外挂墙板对主体结构的影响

外挂墙板对主体结构的影响有以下几点：

（1）支承于主体结构的外挂墙板的自重；

（2）当外挂墙板相对于其支承构件有偏心时，应计入外挂墙板重力荷载偏心产生的不利影响；

（3）采用点支承（图 3-36）与主体结构相连的外挂墙板，连接节点具有适应主体结构变形的能力时，可不计入其刚度影响；

（4）采用线支承（图 3-37）与主体结构相连的外挂墙板，应根据刚度等代原则计入其刚度影响，但不得考虑外挂墙板的有利影响。

图 3-36　点挂式外挂墙板　　　　　　　图 3-37　线挂式外挂墙板

三、外挂墙板抗震设计原则

地震中外挂墙板振动频率高，容易受到放大的地震作用。为使设防烈度下外挂墙板不产生破损，降低其脱落后的伤人事故，在多遇地震作用计算时考虑动力放大系数。按照现行国家抗震设计规范有关非结构构件的地震作用计算，外挂墙板结构的地震作用动力放大系数约为 5.0。在多遇地震作用下，外挂墙板构件应基本处于弹性工作状态，其地震作用可采用简化的等效静力方法计算。

相对传统的幕墙系统，预制混凝土外挂墙板的自重较大。外挂墙板与主体结构的连接往往超静定次数低，也缺乏良好的耗能机制，其破坏模式通常属于脆性破坏。连接破坏一旦发生，会造成外挂墙板整体坠落，产生十分严重的后果。因此，需要对连接节点承载力进行必要的提高。对于地震作用来说，在多遇地震作用计算的基础上将作用效应放大 2.0，接近达到"中震弹性"的要求。

四、外挂墙板的形式和尺寸

考虑到预制外挂墙板生产和现场安装的需要，外挂墙板系统必须分割成各自独立承受荷载的板片。同时应合理确定板缝宽度，确保各种工况下各板片间不会产生挤压和碰撞。主体结构变形引起的板片位移是确定板缝宽度的控制性因素，为保证外挂墙板的工作性能，根据已有的经验，在层间位移角 1/300 的情况下，板缝宽度变化不应造成填缝材料的损坏；在层间位移角 1/100 的情况下，墙板本体的性能保持正常，仅填缝材料需进行修补；在层间位移角 1/100 的情况下，应确保板片间不发生碰撞。

所以在设计时，外挂墙板的形式和尺寸应根据建筑立面造型、主体结构层间位移限值、楼层高度、节点连接形式、温度变化、接缝构造、运输限制条件和现场起吊能力等因素确定；板间接缝宽度应根据计算确定且不宜小于 10mm；当计算缝宽大于 30mm 时，宜调整外挂墙板的形式或连接方式。

五、外挂墙板与主体结构连接节点构造要求

（1）外挂墙板与主体结构点支承连接节点构造要求

连接点数量和位置应根据外挂墙板形状、尺寸确定，连接点不应少于 4 个，承重连接点不应多于 2 个；

在外力作用下，外挂墙板相对主体结构在墙板平面内应能水平滑动或转动；

连接件的滑动孔尺寸应根据穿孔螺栓直径、变形能力需求和施工允许偏差等因素确定。

（2）外挂墙板与主体结构线支承连接（图 3-38）节点构造要求

外挂墙板顶部与梁连接，且固定连接区段应避开梁端 1.5 倍梁高长度范围；

外挂墙板与梁的结合面应采用粗糙面并设置键槽；接缝处应设置连接钢筋，连接钢筋数量应经过计算确定且钢筋直径不宜小于 10mm，间距不宜大于 200mm；连接钢筋在外挂墙板和楼面梁后浇混凝土中的锚固应符合设计有关规定；

外挂墙板的底端应设置不少于 2 个仅对墙板有平面外约束的连接节点；

外挂墙板的侧边不应与主体结构连接。

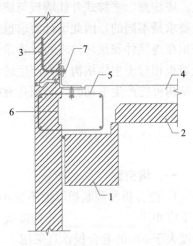

图 3-38　外挂墙板线支承连接示意
1—预制梁；2—预制板；3—预制外挂墙板；
4—后浇混凝土；5—连接钢筋；
6—剪力键槽；7—面外限位连接件

六、外挂墙板结构变形缝处要求

外挂墙板不应跨越主体结构的变形缝。主体结构变形缝两侧的外挂墙板的构造缝应能适应主体结构的变形要求，宜采用柔性连接设计或滑动型连接设计，并采取易于修复的构造措施。

拓展提高1

外挂墙板与主体结构的柔性连接

在很多地区外挂墙板与主体结构的连接节点采用柔性连接的点支承方式。点支承的外挂墙板可区分为平移式外挂墙板和旋转式外挂墙板两种形式（图 3-39）。它们与主体结构的连接节点，又可以分为承重节点和非承重节点两类。

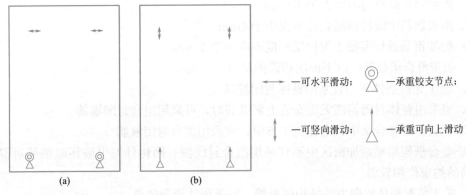

　　　　(a)　　　　　　　　　(b)

←→—可水平滑动；　　　○—承重铰支节点；

↕—可竖向滑动；　　　△—承重可向上滑动

图 3-39　点支承式外挂墙板及其连接节点形式示意
（a）平移式外挂墙板；（b）旋转式外挂墙板

71

一般情况下，外挂墙板与主体结构的连接宜设置 4 个支承点：当下部两个为承重节点时，上部两个宜为非承重节点；相反，当上部两个为承重节点时，下部两个宜为非承重节点。应注意，平移式外挂墙板与旋转式外挂墙板的承重节点和非承重节点的受力状态和构造要求是不同的，因此设计要求也是不同的。根据工程实践经验，点支承的连接节点一般采用在连接件和预埋件之间设置带有长圆孔的滑移垫片，形成平面内可滑移的支座。当外挂墙板相对于主体结构可能产生转动时，长圆孔宜按垂直方向设置；当外挂墙板相对于主体结构可能产生平动时，长圆孔宜按水平方向设置。

【课后习题】

一、填空题

1. 叠合板的预制板厚度不宜小于＿＿＿＿＿＿，后浇混凝土叠合层厚度不应小于＿＿＿＿＿＿；跨度大于 3m 的叠合板，宜采用＿＿＿＿＿＿；跨度大于 6m 的叠合板，宜采用＿＿＿＿＿＿；板厚大于＿＿＿＿＿＿的叠合板，宜采用混凝土空心板。

3-2　课后习题答案

2. 当预制板之间采用分离式接缝时，该板块内的各叠合板可各自按＿＿＿＿＿＿设计。

3. 双向叠合板板侧的整体式接缝可采用＿＿＿＿＿＿形式，宜设置在叠合板的＿＿＿＿＿＿方向且宜避开＿＿＿＿＿＿位置。

4. 柱纵向受力钢筋在柱底连接时，柱箍筋加密区长度不应小于纵向受力钢筋连接区域长度与＿＿＿＿＿＿之和；当采用套筒灌浆连接或浆锚连接等方式时，套筒或搭接段上端第一道箍筋距离套筒或搭接段顶部不应大于＿＿＿＿＿＿。

5. 当采用套筒灌浆连接或浆锚搭接连接时，预制剪力墙底部接缝宜设置在＿＿＿＿＿＿；接缝高度不宜小于＿＿＿＿＿＿，接缝处后浇混凝土上表面应设置＿＿＿＿＿＿，有利于保证接缝承载力。

二、选择题

1. 桁架钢筋混凝土叠合板，以下说法错误的是（　　　）。

A. 桁架钢筋应沿次要受力方向布置

B. 桁架钢筋距板边不应大于 300mm

C. 桁架钢筋中腹杆钢筋直径不应小于 4mm

D. 桁架钢筋弦杆混凝土保护层厚度不应小于 15mm

2. 关于叠合梁箍筋，以下说法错误的是（　　　）。

A. 施工允许条件下，宜采用整体封闭箍筋

B. 当采用整体封闭箍筋无法安装上部纵筋时，可采用组合封闭箍筋

C. 在受扭的叠合梁中，考虑施工方便，宜采用组合封闭箍筋

D. 叠合框架梁梁端加密区中不宜采用组合封闭箍，因构件发生破坏时箍筋对混凝土及纵筋的约束作用较弱

3. 关于装配整体式剪力墙结构的布置，以下说法错误的是（　　　）。

A. 应沿两个方向布置剪力墙

B. 剪力墙平面布置宜简单、规则

C. 剪力墙自下而上宜连续布置，避免层间侧向刚度突变

D. 预制剪力墙洞口宜上下错洞布置，使得削弱位置平衡，呈现多变的建筑风格

4. 关于外挂墙板说法错误的是（　　　）。

A. 外挂墙板与主体结构线支承连接时，其与梁的结合面应采用粗糙面并设置键槽

B. 外挂墙板的底端设置平面外约束的连接节点，侧边不应与主体结构连接

C. 外挂墙板不应跨越主体结构的变形缝

D. 变形缝两侧外挂墙板的构造缝宜采用刚性连接设计，以保证足够的强度

三、识图题

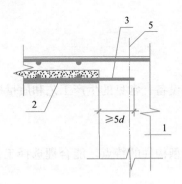 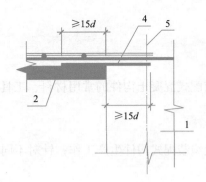

（1）左图为_____处构造示意；右图为_____处构造示意；

（2）请填写图中各部分名称：

1—_____；2—_____；3—_____；4—_____；
5—_____

（3）若左图预制板内的纵向受力钢筋采用 20mm 直径的钢筋，支撑梁或墙宽度为 240mm，则钢筋需锚入支承梁或墙的后浇混凝土中的长度不应小于_____。

（4）若右图预制板内的构造钢筋采用 16mm 直径的钢筋，支撑梁或墙宽度为 300mm，则钢筋需锚入支承梁或墙的后浇混凝土中的长度不应小于_____。

（解析：$15d$ 和伸过支座中心线，取较大值）

四、问答题

1. 如何保证叠合板水平界面的抗剪性能？

2. 外挂墙板的抗震设计目标是什么？

Chapter 04

单元 4

装配式混凝土构件生产

知识目标

掌握装配式混凝土构件的常用材料、工具和设备，常见的生产工艺和质量控制方法。

能力目标

能够组织装配式构件生产工作；针对不同类型构件的特点，能合理选择工艺方法和制定生产方案。

素质目标

具有集体意识、良好的职业道德修养和与他人合作的精神，协调同事之间、上下级之间的工作关系。

任务介绍

某公租房二阶段工程，位于某大学城北，西邻东三街、南邻四环路、东邻东二街，主要包括 17 栋建筑，包含：住宅楼、幼儿园、物业、配套商业及地下室。总建筑面积 13.5 万 m²，含 25000m² 的人防地下室，地下室为地下两层结构，地上结构包含 6 栋 18 层住宅，地面两层以下结构为现浇、地面两层以上结构采用装配式剪力墙结构，建筑高度 57.6m，本装配式剪力墙结构工程的装配率高，单层装配式构件占 90%，仅电梯井、连接柱和叠合板面层为现浇，其余均为预制拼装。根据工程特点，合理确定装配式混凝土构件生产方案。

任务分析

根据要求，结合本项目预制构件特点，以及构件生产中所用建筑材料和工具设备，确定构件的生产工艺和质量控制的要求。

任务 1 基本构件介绍

本项目的预制构件包括外墙板、内墙板、PCF 板、叠合楼板、叠合梁、预制楼梯、空调板和阳台板等。

一、预制外墙板

预制混凝土夹心保温外墙板（又称三明治墙板），是集承重、围护、保温、防水、防火等功能为一体的重要装配预制构件，通过局部现浇及钢筋混凝土套筒连接等有效的连接方式，使之形成装配整体式住宅。

预制外墙板要求（图 4-1）：

（1）混凝土强度等级一般为 C30；

（2）一般采用三明治夹心保温外墙板，饰面层（50mm 或 60mm）＋保温层（70～90mm）＋结构层（200～250mm）；

（3）保温材料为挤塑聚苯板（XPS）；

（4）钢筋采用 HRB400E 和 HPB300；

（5）预埋件采用 Q235B；

（6）钢筋保护层为 25mm；

（7）与后浇混凝土结合面做成粗糙面，表面凹凸深度≥6mm。

二、预制内墙板

预制混凝土内墙板是集承重、防水、防火等功能为一体的重要装配式预制构件，通过局部现浇及钢筋混凝土套筒连接等有效的连接方式，使之形成装配整体式住宅。

预制内墙板要求（图 4-2）：

图 4-1 预制外墙板　　　　　　　图 4-2 预制内墙板

（1）采用钢筋、混凝土及预埋件组合而成；

（2）混凝土强度等级一般为 C30；

（3）钢筋采用 HRB400E 和 HPB300；

（4）预埋件采用 Q235B；

（5）钢筋保护层为 25mm；

（6）与后浇混凝土结合面做成粗糙面，表面凹凸深度≥6mm。

三、预制阳台板

预制混凝土阳台板，是集承重、围护、保温、防水、防火等功能为一体的重要装配式预制构件，通过局部现浇混凝土有效的连接，使之形成装配整体式住宅。预制阳台板一般有叠合板式阳台、全预制板式阳台和全预制梁式阳台，建筑要求有开敞式及封闭式阳台。

预制阳台板要求（图 4-3）：

（1）混凝土强度等级一般为 C30；

（2）一般采用叠合构件也可采用全预制构件；

（3）钢筋采用 HRB400E 和 HPB300；

（4）预埋件采用 Q235B；

（5）钢筋保护层为 15mm 或 20mm；

（6）与后浇混凝土结合面做成粗糙面，表面凹凸深度≥6mm。

图 4-3　预制阳台板

四、预制空调板

预制混凝土空调板，是集承重、围护、保温、防水、防火等功能为一体的重要装配式预制构件，通过局部现浇混凝土有效的连接，使之形成装配整体式住宅。预制混凝土空调板最常见的是全预制悬挑混凝土空调板。

预制空调板要求（图 4-4）：

（1）混凝土强度等级一般为 C30；

（2）一般采用全预制构件；

（3）钢筋采用 HRB400E 和 HPB300；

（4）预埋件采用 Q235B；

（5）钢筋保护层为 15mm 或 20mm。

图 4-4　预制空调板

任务 2　装配式混凝土建筑常用材料

一、混凝土、钢筋和钢材

（一）混凝土

（1）预制构件的混凝土强度等级不宜低于 C30；预应力混凝土预制构件的混凝土强度等级不宜低于 C40，且不应低于 C30；现浇混凝土的强度等级不应低于 C25。

（2）混凝土强度等级应按立方体抗压强度标准值确定。立方体抗压强度标准值系指按标准方法制作、养护的边长为 150mm 的立方体试件，在 28d 或设计规定龄期以标准试验方法测得的具有 95％保证率的抗压强度值。

（二）钢筋

（1）预制装配式建筑结构中，纵向受力普通钢筋宜采用 HRB400、HRB500、HRBF400、HRBF500 钢筋，也可采用 HPB300、RRB400 钢筋，其中梁、柱纵向受力普通钢筋应采用 HRB400、HRB500、HRBF400、HRBF500 钢筋；箍筋宜采用 HPB300、HRB400、HRBF400、HRB500、HRBF500 钢筋；预应力筋宜采用预应力钢丝、钢绞线和预应力螺纹钢筋。

（2）钢筋的强度标准值应具有不小于 95％的保证率。

（3）普通钢筋采用套筒灌浆连接和浆锚搭接连接时，钢筋应采用热轧带肋钢筋。预制构件的吊环应采用未经冷加工的 HPB300 级钢筋制作。吊装用内埋式螺母或吊杆的材料应符合国家现行相关标准的规定。

（4）钢筋焊接网应符合相关现行行业标准的规定。

（三）钢材

（1）为保证承重结构的承载能力，并防止在一定条件下出现脆性破坏，应根据结构的重要性、荷载特征、结构形式、应力状态、连接方法、钢材厚度和工作环境等因素综合考虑，选用合适的钢材牌号和材性。

（2）承重结构的钢材宜采用 Q235 钢、Q345 钢、Q390 钢和 Q420 钢，其质量应符合相关现行国家标准的规定。当采用其他牌号的钢材时，尚应符合相应有关标准的规定和要求。

二、连接材料

（一）套筒灌浆连接接头

（1）钢筋连接用灌浆套筒，是指通过水泥基灌浆料的传力作用将钢筋对接连接所采用的金属套筒，通常采用铸造工艺或者机械加工工艺制造。

（2）按加工方式分类，灌浆套筒分为铸造灌浆套筒和机械加工灌浆套筒。

（3）按结构形式分类，灌浆套筒可分为全灌浆套筒和半灌浆套筒。全灌浆套筒是指接头两端均采用灌浆方式连接钢筋的灌浆套筒；半灌浆套筒是指接头一端采用灌浆方式连接，另一端采用机械连接方式连接钢筋的灌浆套筒，通常另一端采用螺纹连接。

（4）按照单元组成分类，全灌浆套筒可分为整体式全灌浆套筒和分体式全灌浆套筒，前者是筒体由一个单元组成的全灌浆套筒，后者是筒体由两个单元通过螺纹连接成整体的全灌浆套筒；半灌浆套筒可分为整体式半灌浆套筒和分体式半灌浆套筒，前者是筒体由一个单元组成的半灌浆套筒，后者是由相互独立的灌浆端筒体和螺纹连接单元组成的半灌浆套筒（图4-5）。

（5）半灌浆套筒按非灌浆一端的连接方式分类，可分为直接滚轧直螺纹半灌浆套筒、剥肋滚轧直螺纹半灌浆套筒和镦粗直螺纹半灌浆套筒。

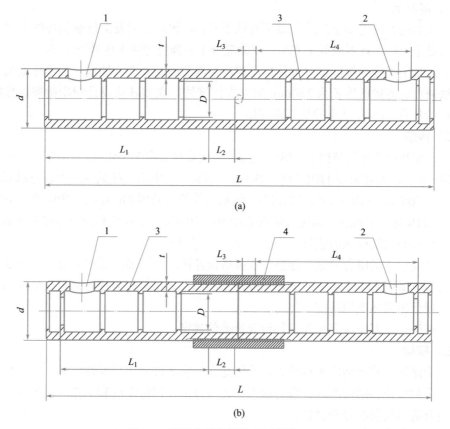

图 4-5　灌浆套筒单元组成示意图（一）

（a）整体式全灌浆套筒；（b）分体式全灌浆套筒

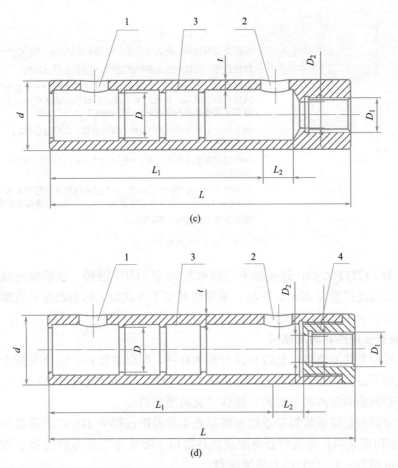

图 4-5　灌浆套筒单元组成示意图（二）

（c）整体式半灌浆套筒；（d）分体式半灌浆套筒

1—灌浆孔；2—排浆孔；3—剪力槽；4—连接套筒；L—灌浆套筒总长；L_1—注浆端锚固长度；L_2—装配端预留钢筋安装调整长度；L_3—预制端预留钢筋安装调整长度；L_4—排浆端锚固长度；t—灌浆套筒名义壁厚；d—灌浆套筒外径；D—灌浆套筒最小内径；D_1—灌浆套筒机械连接端螺纹的公称直径；D_2—灌浆套筒螺纹端与灌浆端连接处的通孔直径。

注：D 不包括灌浆孔、排浆孔外侧因导向、定位等比锚固段环形突起内径偏小的尺寸。D 可为非等截面。图 a 中间虚线部分为竖向全灌浆套筒设计的中部限位挡片或挡杆。当灌浆套筒为竖向连接套筒时，套筒注浆端锚固长度 L_1 为从套筒端面至挡销圆柱面深度减去调整长度 20mm；当灌浆套筒为水平连接套筒时，套筒注浆端锚固长度 L_1 为从密封圈内侧端面位置至挡销圆柱面深度减去调整长度 20mm。

其中，灌浆孔是指用于加注水泥基灌浆料的入料口，通常为光孔或螺纹孔；排浆孔是指用于加注水泥灌浆料时通气并将注满后的多余灌浆料溢出的排料口，通常为光孔或螺纹孔。

灌浆套筒型号由名称代号、分类代号、钢筋强度级别主参数代号、加工方式分类代号、钢筋直径主参数代号、特征代号和更新及变型代号组成。灌浆套筒主参数应为被连接钢筋的强度级别和公称直径。灌浆套筒型号（图 4-6）表示如下：

例如：连接标准屈服强度为 400MPa，直径 40mm 钢筋，采用铸造加工的整体式全灌

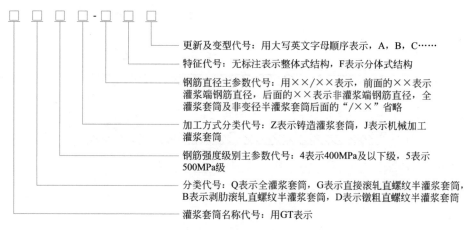

图4-6 灌浆套筒型号组成

浆套筒表示为：GTQ4Z-40；连接标准屈服强度为500MPa钢筋，灌浆端连接直径36mm钢筋，非灌浆端连接直径32mm钢筋，采用机械加工方式加工的剥肋滚轧直螺纹半灌浆套筒的第一次变型表示为：GTB5J-36/32A。

（二）钢筋连接用套筒灌浆料

钢筋连接用套筒灌浆料，是以水泥为基本材料，配以细骨料，以及混凝土外加剂和其他材料组成的干混料，加水搅拌后具有良好的流动性、早强、高强、微膨胀等性能，填充于套筒和带肋钢筋间隙内的干粉料，简称"套筒灌浆料"。

其中，常温型套筒灌浆料是适用于灌浆施工及养护过程中24h内灌浆部位环境温度不低于5℃的套筒灌浆料；低温型套筒灌浆料是适用于灌浆施工及养护过程中24h内灌浆部位环境温度范围为−5～10℃的套筒灌浆料。

常温型套筒灌浆料的性能应符合表4-1的规定。

常温型套筒灌浆料的性能指标　　　　　　表4-1

检测项目		性能指标
流动度（mm）	初始	≥300
	30min	≥260
抗压强度（MPa）	1d	≥35
	3d	≥60
	28d	≥85
竖向膨胀率（%）	3h	0.02～2
	24h与3h差值	0.02～0.40
28d自干燥收缩（%）		≤0.045
氯离子含量（%）		≤0.03
泌水率（%）		0

注：氯离子含量以灌浆料总量为基准。

低温型套筒灌浆料的性能应符合表 4-2 的规定。

低温型套筒灌浆料的性能指标 表 4-2

检测项目		性能指标
−5℃流动度(mm)	初始	≥300
	30min	≥260
8℃流动度(mm)	初始	≥300
	30min	≥260
抗压强度(MPa)	−1d	≥35
	−3d	≥60
	−7d+21d	≥85
竖向膨胀率(%)	3h	0.02~2
	24h 与 3h 差值	0.02~0.40
28d 自干燥收缩(%)		≤0.045
氯离子含量(%)		≤0.03
泌水率(%)		0

注：−1d 代表在负温养护 1d；
　　−3d 代表在负温养护 3d；
　　−7d+21d 代表在负温养护 7d 转标准养护 21d；
　　氯离子含量以灌浆料总量为基准

钢筋连接用套筒灌浆料多采用预拌成品灌浆料。生产厂家应提供产品合格证、使用说明书和产品质量检测报告。交货时，产品的质量验收可抽取实物试样，以其检验结果为依据；也可以产品同批号的检验报告为依据。采用何种方法验收由买卖双方商定，并在合同或协议中注明。

套筒灌浆料应采用防潮袋（筒）包装。每袋（筒）净质量宜为 25kg，且不应小于标志质量的 99%。随机抽取 40 袋（筒）25kg 包装的产品，其总净质量不应少于 1000kg。包装袋（筒）上应标明产品名称、型号、净质量、使用要点、生产厂家（包括单位地址、电话）、生产批号、生产日期、保质期等内容。

产品运输和贮存时不应受潮和混入杂物。产品应贮存于通风、干燥、阴凉处，运输过程中应注意避免阳光长时间照射。

（三）浆锚搭接材料

钢筋浆锚搭接连接接头应采用水泥基灌浆料，灌浆料的性能应满足表 4-3 的要求。

钢筋浆锚搭接连接接头用灌浆料性能要求 表 4-3

项目		性能指标	试验方法标准
泌水率(%)		0	《普通混凝土拌合物性能试验方法标准》GB/T 50080
流动度(mm)	初始值	≥200	《水泥基灌浆材料应用技术规范》GB/T 50448
	30min 保留值	≥150	
竖向膨胀率(%)	3h	≥0.02	《水泥基灌浆材料应用技术规范》GB/T 50448
	24h 与 3h 的膨胀率之差	0.02~0.5	

续表

项目		性能指标	试验方法标准
抗压强度（MPa）	1d	≥35	《水泥基灌浆材料应用技术规范》GB/T 50448
	3d	≥55	
	28d	≥80	
氯离子含量(%)		≤0.06	《混凝土外加剂匀质性试验方法》GB/T 8077

（四）钢筋锚固板（图 4-7）

锚固板是指设置于钢筋端部用于钢筋锚固的承压板。

按照发挥钢筋抗拉强度的机理不同，锚固板分为全锚固板和部分锚固板。全锚固板是指依靠锚固板承压面的混凝土承压作用发挥钢筋抗拉强度的锚固板；部分锚固板是指依靠埋入长度范围内钢筋与混凝土的粘结和锚固板承压面的混凝土承压作用共同发挥钢筋抗拉强度的锚固板。锚固板放置的方向分为正放和反放两种（图 4-8）。

图 4-7　钢筋锚固板

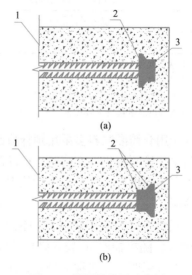

图 4-8　锚固板放置示意图

（a）锚固板正放；（b）锚固板反放

1—锚固区钢筋应力最大处截面；2—锚固板承压面；3—锚固板端面

锚固板应按照不同分类确定其尺寸，且应符合下列要求：

（1）全锚固板承压面积不应小于钢筋公称面积的 9 倍；

（2）部分锚固板承压面积不应小于钢筋公称面积的 4.5 倍；

（3）锚固板厚度不应小于被锚固钢筋直径的 1 倍；

（4）当采用不等厚或长方形锚固板时，除应满足上述面积和厚度要求外，尚应通过国家、省部级主管部门组织的产品鉴定。

受力预埋件的锚固板及锚筋材料应符合现行国家标准《混凝土结构设计规范》GB 50010 的有关规定。专用预埋件及连接件材料应符合国家现行有关标准的规定。

连接用焊接材料，螺栓、锚栓和铆钉等紧固件的材料应符合现行标准《钢结构设计标准》GB 50017、《钢结构焊接规范》GB 50661 和《钢筋焊接及验收规程》JGJ18 等的规定。

（五）夹心保温外墙板拉结件

夹心外墙板可以作为结构构件承受荷载和作用，同时又具有保温节能功能，它集承重、保温、防水、防火、装饰等多项功能于一体，因此应用较为广泛。保证夹心外墙板内外叶墙板拉结件的性能是十分重要的。拉结件通常采用纤维增强复合塑料（图 4-9）或不锈钢丝制作，并应符合下列规定：

（1）金属及非金属材料拉结件均应具有规定的承载力、变形和耐久性能，并应经过试验验证。

（2）拉结件应满足夹心外墙板的节能设计要求。

（3）拉结件密度、拉伸强度、拉伸弹性模量、断裂伸长率、热膨胀系数、耐碱性、防火性能、导热系数等满足相关标准规定。

（4）拉结件的设置宜采用矩形或梅花形布置，间距一般 400～600mm；拉结件距离墙体洞口边缘一般为 100～200mm；或者按照计算设计相关尺寸。

（5）拉结件的锚入方式、锚入深度、保护层厚度等参数满足相关标准规定。

图 4-9　纤维增强复合塑料拉结件

三、其他材料

（一）外墙板接缝处密封材料

外墙板接缝处的密封材料应符合下列规定：

（1）密封胶应与混凝土具有相容性，以及规定的抗剪切和伸缩变形能力；密封胶尚应具有防霉、防水、防火、耐候等性能；

（2）硅酮、聚氨酯、聚硫建筑密封胶应符合相关国家现行标准的规定；

（3）夹心外墙板接缝处填充用保温材料的燃烧性能应满足国家标准《建筑材料及制品燃烧性能分级》GB8624 中 A 级的要求。

（二）夹心外墙板保温材料

夹心外墙板中的保温材料，其导热系数不宜大于 0.040W/（m·K），体积比吸水率不宜大于 0.3%，燃烧性能不应低于国家标准《建筑材料及制品燃烧性能分级》GB 8624

中 B_2 级的要求。

《建筑材料及制品燃烧性能分级》GB 8624 对建筑材料及制品的燃烧性能等级规定见表 4-4。

建筑材料及制品的燃烧性能等级

表 4-4

燃烧性能等级	名称
A	不燃材料（制品）
B_1	难燃材料（制品）
B_2	可燃材料（制品）
B_3	易燃材料（制品）

（三）室内装修材料

装配式建筑采用的室内装修材料应符合现行国家标准《民用建筑工程室内环境污染控制标准》GB 50325 和《建筑内部装修设计防火规范》GB 50222 的有关规定。控制建筑材料和装修材料中污染物的释放，从而控制室内环境污染。规范建筑内部装修设计，减少火灾危害，保护人身和财产安全。建筑内部装修设计应积极采用不燃性材料和难燃性材料，避免采用燃烧时产生大量浓烟或有毒气体的材料，做到安全适用，技术先进，经济合理。

任务 3　装配式混凝土构件生产模式与设备

一、预制构件生产模式

预制构件的制作工艺通常有固定模台法和流动模台法两种。模台实物如图 4-10 所示。

图 4-10　模台

固定模台法是模具布置在固定的位置上，生产设备逐个通过模具或人工移动至模具操作的构件制作方法；流动模台法是模具在流水线上移动，逐步通过各个固定的生产工位进行构件制作方法，也称为流水线工艺。

（1）固定模台法

固定模台法的构件生产全过程位置不可改变，模具组装、布筋、绑扎、预埋件安放、混凝土浇筑振捣、构件表面的磨平或拉毛均在固定工位进行，待构件强度达到一定要求后可进行移动、翻板或吊装运输。一般用来生产梁、柱、墙板、楼梯、飘窗、阳台等构件。它最大的优势是适用范围广，尤其适合大型构件或形状设计较特殊的构件，灵活方便，适应性强，通过合理的设置也可具备高度机械化，自动化特点。

（2）移动模台法

移动模台是通过辊道（图 4-11）或轨道实现位置的改变。模台先移动到组模区进行模具组装，随后移动至钢筋区进行布筋、绑扎和预埋件操作，然后移动至浇筑振捣平台上进行混凝土布料、振捣、抹平、磨平或拉毛处理，运送至养护区养护，最后进行脱模、运输和堆放。流动模台适合生产叠合板、无装饰面层的墙板及其他标准型构件，生产效率高，机械化程度高。

图 4-11 模台辊道

二、常见构件生产流程和设备

（1）预制叠合板

预制叠合板有规格及形状单一、出筋统一、工序较少等特点，适用流动模台法。生产线除了采用混凝土输送系统，自动布料机，振动工位系统，立体蒸养系统等主要设备外，一般还设置有自动清扫机、自动喷洒脱模剂系统、数控划线机、磁性边侧模设置系统等辅助设备，进行循环流水自动化生产作业。

预制叠合板常见生产工艺流程如下：

清扫模台（图 4-12）→自动划线机划线（图 4-13）→放置边模→自动喷洒脱模剂（图 4-14）→设置钢筋→设置预留洞口与预埋件→浇筑混凝土（图 4-15）→振动台振动密实（图 4-16）→预养护（约静养 1h）→拉毛机（图 4-17）进行表面拉毛处理→养护窑

（图 4-18）终养护（约 8h）→脱模起吊（图 4-19）→摆渡车（图 4-20）运输到成品堆放区→喷涂构件标识及编码（图 4-21）。

图 4-12　模台清扫机

4-1　模台清扫机

图 4-13　自动划线机

4-2　划线机

图 4-14　喷油机（喷涂脱模剂）

4-3　脱模剂喷涂机

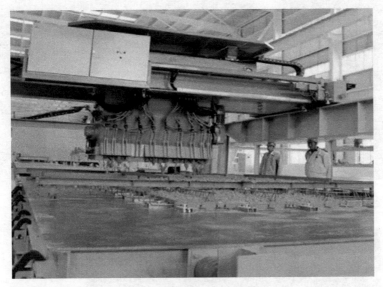

图 4-15　混凝土布料机

4-4　混凝土空中运输车（鱼雷罐）布料机

4-5　振动赶平

图 4-16　混凝土振动台

4-6　拉毛机

图 4-17　拉毛机　　　　图 4-18　模台存取机和养护窑

图 4-19　脱模机与横吊梁

图 4-20　构件摆渡车

图 4-21　构件标识

（2）预制墙板（图 4-22）

预制墙板通过构件拆分之后，其规格型号多样、生产过程工序繁杂、作业周期长，建

图 4-22　预制墙板制作

议采用固定模台法。但无飘窗、无特殊位置出筋、出筋不超长的标准模板的大量生产也可采用移动模台法。

预制夹心外墙板常见生产工艺流程如下：

清扫模台→自动划线机划线→放置边模→自动喷洒脱模剂→设置钢筋→设置预留预埋件→浇筑外叶墙混凝土→振动密实→安放保温板及连接件→浇筑内叶墙混凝土→混凝土表面刮平（图 4-23）→初养护（约 2h）→表面磨平收光（图 4-24）→终养护（约 8～10h）→脱边模→翻板（图 4-25）并吊装到摆渡车→运输到成品区堆放→喷涂构件标识及编码

图 4-23 赶平机

4-7 抹面磨平机

图 4-24 磨平机

4-8　翻板机

图 4-25　翻板机

预制夹心外墙板生产线比叠合楼板生产线增加了保温材料放置工位、翻板脱模工位、磁性固定装置取出工位等，增加了二次浇筑保温材料内叶墙部分混凝土的工序，蒸养过程中增加了表面磨平工序。

（3）优化生产的基本要求

从叠合楼板、叠合梁、预制柱、预制墙板、预制楼梯、预制阳台、预制空调板等标准混凝土构件，到预制转角外墙、预制飘窗、预制整体卫生间等各类异形混凝土构件，预制构件模具需要根据每个项目要求量身定制，用于大批量生产不同规格形状的预制部品。

对于上述构件的模具，灵活又合理的设计是提高模具使用率和实现良好经济效益的前提；同时，各工序间合理的生产组织、流水线自动流转控制方面的精益求精也是重要保证。最后，订单流转系统、设备监控系统、仓储物流系统的数字化控制与管理，可将数据源进行深度挖掘分析，从而为构件生产企业的后续技术改进和优化管理提供科学依据。

三、预制构件模具

（一）模具类型

当前模具类型主要有独立式模具和大底模式模具。独立式模具用钢量较大，常针对特殊构件设置，组合多变性有限，适用于构件类型较单一且重复次数多的项目；大底模式模具底模可公用，只加工侧模具组装即可，故为了达到较大的适用性，可在其他工程上重复使用，通常将底模台设置为大尺寸，这种类型应用更广。

主要模具类型有大底模、叠合楼板模具、阳台板模具、楼梯模具、内墙板模具和外墙板模具等。

（二）设计要求

预制构件模具以钢模为主，面板主材选用 Q235 钢板，支撑结构可选用型钢或者钢板，规格可根据模具形式选择，应满足以下要求：

（1）模具应具有足够的承载力、刚度和稳定性，保证在构件生产时能可靠承受浇筑混凝土的重量、侧压力及工作荷载。为了达到模具的设计使用次数，在必要的部位应设置肋板以增强整体刚度。

（2）模具应支、拆方便，且应便于钢筋安装和混凝土浇筑、养护。

（3）模具的部件与部件之间应连接牢固；预制构件上的预埋件均应有可靠的固定措施。

（三）安装与拆除要求

（1）模具安装做好防漏处理

侧模、边模的豁口和外漏钢筋数量较多，给安装和拆模都带来很大困难。为了便于拆模，豁口设计较大（图 4-26），可以用橡胶等材料将混凝土与侧模、边模分离开，既做好防漏处理，又降低了拆卸难度。

图 4-26　侧模豁口

（2）边模和预埋件定位准确

边模与底模通过螺栓连接或磁盒连接。选用螺栓连接时应在每个边模上设置 3～4 个定位销，保证精确地定位。为了快速拆卸，也可采用磁盒（图 4-27）固定。磁盒是利用强磁芯与钢模台的吸附力，通过导杆传递至不锈钢外壳上，用卡口横向定位，同时用高硬度可调节紧固螺丝产生强下压力，直接或通过其他紧固件传递压力，从而将模具牢牢地固定于模台上。

预制混凝土构件预埋件较多，且精度要求很高，需在模具上精确定位，有些预埋件的定位在底模上完成，有些预埋件不与底模接触，需要通过靠边模支撑的吊模（图 4-28）完成定位。吊模要拆卸方便，定位固定以防止错用。

（3）模具拆除与养护

每个构件均需要若干模具拼接而成，故模具设计较零碎，需按顺序统一编号，防止错用。

4-9 磁盒装拆

图 4-27 磁盒

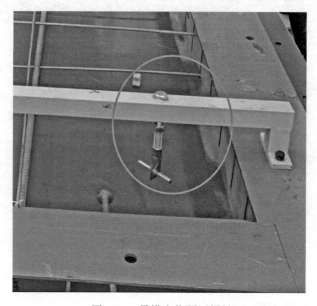

4-10 吊模定位
预埋螺母

图 4-28 吊模定位预埋螺母

预制混凝土构件进行蒸气养护之前，应将吊模和防漏浆的相关部件拆除。一是在混凝土强度发展前拆卸较方便；二是无论在流水线上还是在蒸养窑中，均不占用较高的竖向空间。

构件脱模时应首先将边模上的螺栓和定位销全部拆卸掉，为了保证模具使用寿命，禁止使用大锤。拆卸的工具宜为皮锤、羊角锤、小撬棍等工具。

在模具暂时不使用时，需在模具上涂刷一层机油，防止腐蚀。

任务 4　装配式混凝土构件生产工艺

预制构件生产的通用工艺流程为：编制生产方案→模具设计与制作→模台清理、组装边模、涂隔离剂→模具组装→钢筋加工绑扎→水电、预埋件、门窗预埋→隐蔽工程验收→混凝土浇筑→混凝土振捣→混凝土养护→脱模、起吊→表面处理→质检→构件标识→构件成品入库或运输。

一、编制生产方案

预制构件生产前应编制生产方案，生产方案宜包括生产计划及生产工艺、模具方案及计划、技术质量控制措施、成品存放、运输和保护方案等。

二、模台清理、组装边模、涂脱模剂

将上一生产循环用于构件制作的模台上残留的杂物清理干净，并按照构件生产工艺的要求组装边模，在模台表面和边模上涂抹脱模剂（图 4-29）。模台清理可以应用模台清理机进行，也可由人工完成，但务必保证模台表面无混凝土或砂浆残留。

图 4-29　组装后的模具

三、钢筋加工安装

钢筋骨架、钢筋网片和预埋件必须严格按照构件加工图及下料单要求制作。首件钢筋制作，必须通知技术、质检及相关部门检查验收。制作过程中应当定期、定量检查，对于不符合设计要求及超过允许偏差的一律不得绑扎，按废料处理。

为提高生产效率，钢筋宜采用机械加工的成型钢筋。叠合板类构件中的钢筋桁架（图 4-30）加工工艺复杂，质量控制较难，应使用专业化生产的成型钢筋桁架。

钢筋网、钢筋骨架应满足构件设计图纸要求，宜采用专用钢筋定位件，入模时钢筋骨架尺寸应准确，骨架吊装时应采用多吊点的专用吊架，防止骨架产生变形。保护层垫块（图 4-31）宜采用塑料类垫块（图 4-32），且应与钢筋骨架或网片绑扎牢固，垫块按梅花状布置，间距应满足钢筋限位及控制变形的要求。钢筋骨架入模时应平直、无损伤，表面不得有油污或者锈蚀。应按构件图纸安装好钢筋连接套筒、连接件、预埋件。

纵向钢筋及需要套丝的钢筋，不得使用切断机下料，必须保证钢筋两端平整，套丝长度、丝距及角度必须严格按照图纸设计要求。与半灌浆套筒连接的纵向钢筋应按产品要求套丝，梁底部纵筋按照国标要求套丝。

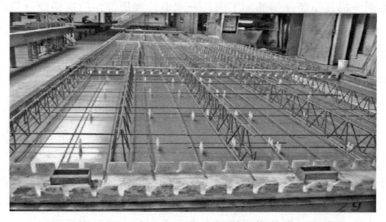

图 4-30　叠合板桁架钢筋

图 4-31　垫块

图 4-32　塑料垫块

　　预制构件表面的预埋件、螺栓孔和预留孔洞应按构件模板图进行配置，应满足预制构件吊装、制作工况下的安全性、耐久性和稳定性。

四、水电、预埋件、门窗预埋

固定预埋件前，应检查预埋件型号、材料用量、级别、规格尺寸、预埋件平整度、锚固长度、预埋件焊接质量等。预埋件的固定必须位置准确，在混凝土浇筑、振捣过程中不得发生移位（图 4-33）。

图 4-33　安放预埋件

预埋电线盒、电线管或其他管线时，必须与模板或钢筋固定牢固，并将孔隙堵塞严密，避免水泥砂浆进入。预埋螺栓、吊具等应采用工具式卡具固定，并应保护好丝扣。

预埋钢筋套筒应使用定位螺栓固定在侧模上，灌浆口角度可采用钢筋棍绑扎在主筋上进行定位控制。

带门窗框、预埋管线的预制构件制作时，门窗框、预埋管线应在浇筑混凝土前预先放置并固定，固定时应采取防止污染窗体表面的保护措施。当采用铝框时，应采取避免铝框与混凝土直接接触发生电化学腐蚀的措施。门窗预埋时应采取措施控制温度或受力变形对门窗产生的不利影响。

灌浆套筒的安装应符合下列规定：

（1）连接钢筋与全灌浆套筒安装时，应逐根插入灌浆套筒内，插入深度应满足设计锚固深度要求；

（2）钢筋安装时，应将其固定在模具上，灌浆套筒与柱底、墙底模板应垂直，应采用橡胶环、螺杆等固定件避免混凝土浇筑、振捣时灌浆套筒和连接钢筋移位；

（3）与灌浆套筒连接的注浆管、出浆管应定位准确、安装稳固；

（4）应采取防止混凝土浇筑时向灌浆套筒内漏浆的封堵措施；

（5）对于半灌浆套筒连接，机械连接端的钢筋丝头加工、连接安装质量均应符合相关要求。

五、隐蔽工程验收

浇筑混凝土前应进行钢筋、预应力的隐蔽工程检查。隐蔽工程检查项目应包括：

（1）钢筋的牌号、规格、数量、位置和间距；

（2）纵向受力钢筋的连接方式、接头位置、接头质量、接头面积百分率、搭接长度、锚固方式及锚固长度；

（3）箍筋弯钩的弯折角度及平直段长度；

（4）钢筋的混凝土保护层厚度；

（5）预埋件、吊环、插筋、灌浆套筒、预留孔洞、金属波纹管的规格、数量、位置及固定措施；

（6）预埋线盒和管线的规格、数量、位置及固定措施；

（7）夹芯外墙板的保温层位置和厚度，拉结件的规格、数量和位置；

（8）预应力筋及其锚具、连接器和锚垫板的品种、规格、数量、位置；

（9）预留孔道的规格、数量、位置，灌浆孔、排气孔、锚固区局部加强构造。

六、混凝土浇筑

按照生产计划的混凝土用量制备混凝土。混凝土浇筑前，预埋件及预留钢筋的外露部分宜采取防止污染的措施，混凝土浇筑过程中注意对钢筋网片及预埋件的保护，保证模具、门窗框、预埋件、连接件不发生变形或者移位，如有偏差应采取措施及时纠正。

混凝土应均匀连续浇筑。混凝土从出机到浇筑完毕的延续时间：气温高于25℃时不宜超过60min；气温不高于25℃时不宜超过90min。混凝土投料高度不宜大于600mm，并应均匀摊铺。

混凝土浇筑（图4-34）时应采取可靠措施按照设计要求在混凝土构件表面制作粗糙面（图4-35）和键槽（图4-36），并应按照构件检验要求制作混凝土试块。

图 4-34　浇筑混凝土

图 4-35　粗糙面

带保温材料的预制构件宜采用水平浇筑方式成型，保温材料宜在混凝土成型过程中放置固定，底层混凝土初凝前进行保温材料铺设，保温材料应与底层混凝土固定，当多层铺设时，上、下层保温材料接缝应相互错开；当采用垂直浇筑成型工艺时，保温材料可在混凝土浇筑前放置固定。连接件穿过保温材料处应填补密实。预制构件制作过程应按设计要求检查连接件在混凝土中的定位偏差。

七、混凝土振捣

混凝土宜采用机械振捣方式成型。振捣设备应根据混凝土的品种、工作性能、预制构件的规格和形状等因素确定，制定振捣成型操作规程。预制构件生产时，混凝土可利用振

4-11　键槽制作

图 4-36　键槽

动台振密，可防止振捣过程中的钢筋移位和预埋件移动。当采用振捣棒时，混凝土振捣过程中不应碰触钢筋骨架、面砖和预埋件。混凝土振捣过程中应随时检查模具有无漏浆、变形或预埋件有无移位等现象。应充分有效振捣，避免出现漏振造成的蜂窝（图 4-37）、麻面（图 4-38）等现象。

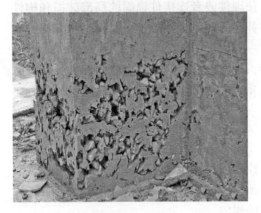

图 4-37　蜂窝

图 4-38　麻面

混凝土振捣后应当至少进行一次抹压。构件浇筑完成后进行一次收光，收光过程中应当检查外露的钢筋及预埋件，并按照要求调整。

八、养护

条件允许的情况下，预制构件优先推荐自然养护。梁、柱等体积较大预制构件宜采用自然养护方式；楼板、墙板等较薄预制构件或冬期生产预制构件，宜采用蒸汽养护方式。

采用加热养护时，按照合理的养护制度进行温控可避免预制构件出现温差裂缝。预制构件养护应符合下列规定：

（1）应根据预制构件特点和生产任务量选择自然养护、自然养护加养护剂或加热养护方式。

（2）混凝土浇筑完毕或压面工序完成后应及时覆盖保湿，脱模前不得揭开。

（3）涂刷养护剂应在混凝土终凝后进行。

（4）加热养护可选择蒸汽加热、电加热或模具加热等方式。

（5）加热养护制度应通过试验确定，宜采用加热养护温度自动控制装置。可分为静停、升温、恒温、降温几个步骤，通常在常温下预养护 2～6h，升、降温速度不宜超过 20℃/h，最高养护温度不宜超过 70℃。

（6）夹芯保温外墙板最高养护温度不宜大于 60℃。因为有机保温材料在较高温度下会产生热变形，影响产品质量。

九、脱模、起吊

为避免由于蒸汽温度骤降而引起混凝土构件产生变形或裂缝，应严格控制构件脱模时构件温度与环境温度的差值。预制构件脱模时的表面温度与环境温度的差值不宜超过 25℃。

预制构件脱模起吊时的混凝土强度应计算确定，且不宜小于 15MPa。平模工艺生产的大型墙板、挂板类预制构件宜采用翻板机翻转直立后再行起吊。对于设有门洞、窗洞等较大洞口的墙板，脱模起吊时应进行加固，防止扭曲变形造成的开裂。

十、表面处理

构件脱模后，不存在影响结构性能、钢筋、预埋件或者连接件锚固的局部破损和构件表面的非受力裂缝时，可用修补浆料进行表面修补后使用。构件脱模后，构件外装饰材料出现破损应进行修补。

构件表面带有装饰性石材或瓷砖的预制构件，脱模后应对石材或瓷砖表面进行检查和清理。应先去除石材或瓷砖缝隙部位的预留封条和胶带，再用清水刷洗。清理完成后宜对石材或瓷砖表面进行保护。

十一、质检

预制构件在出厂前应进行成品质量验收，其检查项目包括预制构件的外观质量、预制构件的外形尺寸、预制构件的钢筋、连接套筒、预埋件、预留孔洞，预制构件的外装饰和门窗框。其检查结果和方法应符合现行国家标准的规定。

十二、构件标识

预制构件验收合格后，应在明显部位标识构件型号、生产日期和质量验收合格标志。预制构件脱模后应在其表面醒目位置按构件设计制作图规定对每个构件编码。

预制构件生产企业应按照有关标准规定或合同要求，对其供应的产品签发产品质量证明书，明确重要参数，有特殊要求的产品还应提供安装说明书。

任务5 装配式混凝土构件质量检测与验收

一、预制混凝土构件生产质量的验收

生产过程的质量控制是预制构件质量控制的关键环节，需要做好生产过程各个工序的质量控制、隐蔽工程验收、质量评定和质量缺陷的处理等工作。预制构件生产企业应配备满足工作需求的质检员，质检员应具备相应的工作能力和经过相应的资格认定。

（1）生产工序质量控制

构件生产通用工艺流程如下：

模台清理→模具组装→钢筋及网片安装→预埋件及水电管线等预留预埋→隐蔽工程验收→混凝土浇筑→振捣→刮平、磨平或拉毛处理→养护→脱模、起吊→成品验收→入库。

在预制构件生产之前，应对各工序进行技术交底，上道工序未经检查验收合格，不得进行下道工序。混凝土浇筑前，应对模具组装、钢筋及网片安装、预留及预埋件布置等内容进行检查验收。工序检查由各工序班组自行检查，检查数量为全数检查，应做好相应的检查记录。

（2）模具组装的质量检查

模具组装前，首先需根据构件制作图核对模板的尺寸是否满足设计要求，然后对模板几何尺寸进行检查，包括模板与混凝土接触面的平整度、板面弯曲、拼装接缝等，再次对模具的观感进行检查，接触面不应有划痕、锈渍和氧化层脱落等现象。

模具几何尺寸的允许偏差及检查方法见表4-5。

预制构件模具尺寸允许偏差及检验方法　　　　　　　　　　表4-5

项次	检验项目、内容		允许偏差（mm）	检验方法
1	长度	≤6m	1，−2	用尺量平行构件高度方向，取其中偏差绝对值较大处
		＞6m且≤12m	2，−4	
		＞12m	3，−5	
2	宽度、高（厚）度	墙板	1，−2	用尺测量两端或中部，取其中偏差绝对值较大处
3		其他构件	2，−4	
4	底模表面平整度		2	用2m靠尺和塞尺量
5	对角线差		3	用尺量对角线
6	侧向弯曲		$L/1500$且≤5	拉线，用钢尺量测侧向弯曲最大处
7	翘曲		$L/1500$	对角拉线测量交点间距离值的两倍
8	组装缝隙		1	用塞片或塞尺量测，取最大值
9	端模与侧模高低差		1	用钢尺量

注：L为模具与混凝土接触面中最长边的尺寸。

（3）连接套筒、预埋件、拉结件、预留孔洞质量检查

连接套筒、拉结件应按预制构件设计制作图进行配置，满足吊装、施工的安全性、耐久性和稳定性要求。构件上的预埋件和预留孔洞宜通过模具进行定位，并安装牢固，其安装偏差应符合表4-6的规定。

模具上预埋件、预留孔洞安装允许偏差　　　　　　　　　表 4-6

项次	检验项目		允许偏差（mm）	检验方法
1	预埋钢板、建筑幕墙用槽式预埋组件	中心线位置	3	用尺量测纵横两个方向的中心线位置，取其中较大值
		平面高差	±2	钢直尺和塞尺检查
2	预埋管、电线盒、电线管水平和垂直方向的中心线位置偏移、预留孔、浆锚搭接预留孔（或波纹管）		2	用尺量测纵横两个方向的中心线位置，取其中较大值
3	插筋	中心线位置	3	用尺量测纵横两个方向的中心线位置，取其中较大值
		外露长度	+10,0	用尺量测
4	吊环	中心线位置	3	用尺量测纵横两个方向的中心线位置，取其中较大值
		外露长度	0，−5	用尺量测
5	预埋螺栓	中心线位置	2	用尺量测纵横两个方向的中心线位置，取其中较大值
		外露长度	+5,0	用尺量测
6	预埋螺母	中心线位置	2	用尺量测纵横两个方向的中心线位置，取其中较大值
		平面高差	±1	钢直尺和塞尺检查
7	预留洞	中心线位置	3	用尺量测纵横两个方向的中心线位置，取其中较大值
		尺寸	+3,0	用尺量测纵横两个方向尺寸，取其中较大值
8	灌浆套筒及连接钢筋	灌浆套筒中心线位置	1	用尺量测纵横两个方向的中心线位置，取其中较大值
		连接钢筋中心线位置	1	用尺量测纵横两个方向的中心线位置，取其中较大值
		连接钢筋外露长度	+5,0	用尺量测

　　预制构件中预埋门窗框时，应在模具上设置限位装置进行固定，并应逐件检验。门窗框安装偏差和检验方法应符合表 4-7 的规定。

门窗框安装允许偏差和检验方法　　　　　　　　　表 4-7

项目		允许偏差（mm）	检验方法
锚固脚片	中心线位置	5	钢尺检查
	外露长度	+5,0	钢尺检查
门窗框位置		2	钢尺检查
门窗框高、宽		±2	钢尺检查
门窗框对角线		±2	钢尺检查
门窗框的平整度		2	靠尺检查

（4）钢筋骨架、钢筋网片、预埋件加工的质量检查

钢筋骨架、钢筋网片入模后，应按构件制作图要求对钢筋规格、位置、间距、保护层等进行检查，钢筋成品的尺寸偏差应符合表 4-8 的规定，钢筋桁架的尺寸偏差应符合表 4-9 的规定。预埋件加工偏差应符合表 4-10 的规定。

钢筋成品的允许偏差和检验方法　　　　　　　　　　　　　　表 4-8

项目		允许偏差（mm）	检验方法
钢筋网片	长、宽	±5	钢尺检查
	网眼尺寸	±10	钢尺量连续三挡、取最大值
	对角线	5	钢尺检查
	端头不齐	5	钢尺检查
钢筋骨架	长	0，−5	钢尺检查
	宽	±5	钢尺检查
	高（厚）	±5	钢尺检查
	主筋间距	±10	钢尺量两端、中间各一点、取最大值
	主筋排距	±5	钢尺量两端、中间各一点、取最大值
	箍筋间距	±10	钢尺量连续三挡、取最大值
	弯起点位置	15	钢尺检查
	端头不齐	5	钢尺检查
	保护层　柱、梁	±5	钢尺检查
	保护层　板、墙	±3	钢尺检查

钢筋桁架尺寸允许偏差　　　　　　　　　　　　　　表 4-9

项次	检验项目	允许偏差（mm）
1	长度	总长度的±0.3%，且不超过±10
2	高度	+1，−3
3	宽度	±5
4	扭翘	≤5

预埋件加工允许偏差　　　　　　　　　　　　　　表 4-10

项次	检验项目		允许偏差（mm）	检验方法
1	预埋件锚板的边长		0，−5	用钢尺量测
2	预埋件锚板的平整度		1	用直尺和塞尺量测
3	锚筋	长度	10，−5	用钢尺量测
		间距偏差	±10	用钢尺量测

（5）外装饰面的质量检查

带外装饰面的预制构件宜采用水平浇筑一次成型反打工艺，混凝土浇筑前应对外装饰面的质量进行检查，确保外装饰面砖的图案、分格、色彩、尺寸符合设计要求，面砖敷设后表面应平整，接缝应顺直，接缝的宽度和深度符合相关设计要求。

二、预制构件成品的出厂质量检验

预制构件出厂质量验收表 表 4-11

生产企业（盖章）：　　　　　　　　　　构件类型：

构件编号：　　　　　　　　　　　　　　检查日期：

分项	检查项目		质量要求	实测	判定
外观质量	破损				
	裂缝				
	蜂窝、空洞等外表缺陷				
构件外形尺寸	允许偏差	长度/mm			
		宽度/mm			
		厚度/mm			
		对角线差值/mm			
		表面平整度,扭曲、弯曲			
		构件边长翘曲			
钢筋	允许偏差	中心线长度			
		外露长度			
	保护层厚度				
	主筋状态				
连接套筒	允许偏差	中心线位置			
		垂直度			
	注入、排出口堵塞				
预埋件	允许偏差	中心线位置			
		平整度			
		安装垂直度			
预留孔洞	允许偏差	中心线位置			
		尺寸			
外装饰	图案、分格、色彩、尺寸				
	破损情况				
门窗框	允许偏差	定位			
		对角线			
		水平度			

验收意见：

质检员：　　　　　　　　　　　　　质量负责人：

　　年　月　日　　　　　　　　　　　　年　月　日

预制混凝土构件成品出厂质量检验是预制混凝土构件质量控制过程中最后的环节，也是关键环节。预制混凝土构件出厂前应对其成品质量进行检查验收，合格后方可出厂。

每块预制构件出厂前均应进行成品质量验收，构件出厂质量验收表见表 4-11。其检查项目包括下列内容：

（1）预制构件的外观质量。

（2）预制构件的外形尺寸。

（3）预制构件的钢筋、连接套筒、预埋件、预留孔洞等。

（4）预制构件的外装饰和门窗框。

预制构件验收合格后应在明显部位进行标识，内容包括构件名称、型号、编号、生产日期、出厂日期、质量状况、生产企业名称，并有检测部门及检验员、质量负责人签名。

三、验收资料管理

预制构件出厂交付时，应向使用方提供以下验收资料：

（1）预制构件制作详图。

（2）预制构件隐蔽工程质量验收表。

（3）预制构件出厂质量验收表。

【课后习题】

4-12　课后习题答案

一、填空题

1. 预制构件的混凝土强度等级不宜低于＿＿＿＿＿＿＿；预应力混凝土预制构件的混凝土强度等级不宜低于＿＿＿＿＿＿＿，且不应低于＿＿＿＿＿＿＿。

2. 按结构形式分类，灌浆套筒可分为＿＿＿＿＿＿＿和＿＿＿＿＿＿＿。全灌浆套筒是指＿＿＿＿＿＿＿；半灌浆套筒是指＿＿＿＿＿＿＿＿＿＿＿＿＿＿＿＿＿＿＿＿＿＿＿＿。

3. 根据灌浆套筒的型号 GTQ5J-32F，其连接标准屈服强度为＿＿＿＿＿＿＿，直径＿＿＿＿＿＿＿钢筋，采用＿＿＿＿＿＿＿加工的＿＿＿＿＿＿＿式全灌浆套筒。

4. 夹心外墙板中的保温材料，燃烧性能不应低于国家标准中＿＿＿＿＿＿＿级的要求。

5. 模具应具有足够的＿＿＿＿＿＿＿、＿＿＿＿＿＿＿和＿＿＿＿＿＿＿，保证在构件生产时能可靠承受浇筑混凝土的重量、侧压力及工作荷载。

6. 混凝土应均匀连续浇筑。混凝土从出机到浇筑完毕的延续时间，气温高于 25℃时不宜超过＿＿＿＿＿＿＿，气温不高于 25℃时不宜超过＿＿＿＿＿＿＿。

7. 夹芯保温外墙板最高养护温度不宜大于＿＿＿＿＿＿＿。因为＿＿＿＿＿＿＿。

8. 预制构件脱模起吊时的混凝土强度应计算确定，且不宜小于＿＿＿＿＿＿＿。

二、选择题

1. 预制构件的吊环应采用（　　）制作。

A. 未经冷加工的 HPB300 级钢筋

B. 经冷作硬化的 HPB300 级钢筋

C. 未经冷加工的 HRB400 级钢筋

D. 未经冷加工的 HRB500 级钢筋

2. 常温型套筒灌浆料的性能指标中，流动度的要求为（　　）。

A. 初始流动度≥300mm，30min 流动度≥260mm

B. 初始流动度≥300mm，30min 流动度≥200mm

C. 初始流动度≥300mm，30min 流动度≥150mm

D. 初始流动度≥200mm，30min 流动度≥150mm

3. 以下对预制构件制作的描述中，错误的是（　　）。

A. 纵向钢筋及需要套丝的钢筋，应使用切断机下料，保证钢筋两端平整

B. 钢筋套筒应固定在模具上，采用橡胶环、螺杆等固定件避免混凝土浇筑振捣时移位

C. 带保温层的预制构件宜采用水平浇筑方式成型，底层混凝土初凝前进行保温材料铺设

D. 构件脱模后，不存在影响结构性能、钢筋、预埋件或者连接件锚固的局部破损和构件表面的非受力裂缝时，可用修补浆料进行表面修补后使用

三、问答题

1. 预制构件的制作工艺分为哪两种类型？主要特点是什么？

2. 什么是磁盒？

3. 预制构件生产的通用工艺流程是什么？

4. 预制构件出厂前应进行成品质量验收，其检查项目包括哪些内容？

Chapter 05

单元 **5**

装配式混凝土构件运输和吊装

知识目标

熟练掌握构件脱模方法和起吊技术要求、车型选择和运输、堆放要求。

能力目标

能针对不同预制构件及时处理脱模过程中出现的问题；能熟练掌握构件吊装、运输、堆放的技术要求。

素质目标

具有集体意识、良好的职业道德修养和与他人合作的精神，协调同事之间、上下级之间的工作关系。

任务介绍

某市某大学教学楼工程项目位于长乐路与光明路交叉口，由 1 栋 18 层主楼及 4 层裙楼等配套设施组成，总建筑面积 36809m²，地下建筑面积 10340m²。其中教学楼 18 层，建筑檐口高度 88.5m；裙楼 4 层，建筑檐口高度 22.9m。工程为装配整体式框架-剪力墙混凝土结构，预制构件包含叠合梁、叠合板、楼梯等，混凝土预制构件量总计 1112m³，其中叠合板 794m³，面积为 13230m²、叠合梁 318m³。叠合梁分布在项目主楼 3～17 层，叠合梁截面尺寸为 450mm×700mm，最长跨度为 11.97m，最大质量为 6.81t。

任务分析

根据项目的结构特点和施工质量要求，结合构件生产现场条件，编制构件运输和吊装方案，并对施工人员做好安全、质量、技术交底工作。吊装方案应具有针对性，必须包含对起重机械、吊索吊具、支撑体系等安全性的验算以及预制构件在吊装过程中各种工况的考虑。体现出装配式结构预制构件生产工艺与运输流程的特殊要求。

任务 1 预制构件的脱模与起吊

一、脱模（图 5-1）

装配式混凝土结构预制构件在拆模时应注意：

（1）预制构件在拆模前，需要做同条件养护试块的强度试验，试验结果达到一定要求后方可拆模。

（2）将拆下的边模由两人抬起轻放到边模清扫区，并送至钢筋骨架绑扎区域。

（3）拆卸下来的所有的工装、螺栓、各种零件等必须放到指定位置。

（4）模具拆除完毕后，将底模周围的卫生打扫干净。

（5）用电动扳手拆卸侧模的紧固螺栓，打开磁盒磁性开关后将磁盒拆卸，确保都完全拆卸后将边模平行向外移出，防止边模在此过程中变形。

图 5-1 预制构件脱模

构件拆模应严格按照顺序进行，严禁使用振动、敲打方式拆模；构件拆模时，应仔细检查，确认构件与模具之间的连接部分完全拆除后，方可起吊；起吊时，预制构件的混凝土立方体抗压强度应满足设计要求。

二、起吊（图 5-2）

起重机类型的选择应依据厂房的跨度、构件重量、吊装高度、现场生产条件和现有起重设备等确定，以保证预制构件的脱模和起吊。

桥式起重机是跨在两侧高空吊车梁的轨道上运行的起重设备。有单梁（图 5-3）、双梁（图 5-4）之分。

若为单梁，则采用顺梁行走的机械部分和起重的机械部分装在一体挂在梁下，俗称电动葫芦。吊车的控制一般在地面，操作人员需在地面跟随吊车的移动而行走。起重量不大，操纵直观容易。

双梁吊车有两根梁，梁间有一定间隙。顺梁行走的机械部分和起重的机械部分一起装在小车上，跨在双梁上部运行。起重量较大，控制人员在吊车上的控制室内。需地面指挥人员和吊车操作人员配合进行工作。选用桥式吊车的前提是厂房（包括露天厂房）在土建设计时已考虑安装吊车梁。

若无吊车梁，厂房需安装吊车，则应选用轨道在地面的龙门吊（图 5-5）。吊车的起重能力可根据需要和厂房设计吊车梁的承重能力决定。桥式吊车一般都有定型产品，只要确定起重量即可，单梁或双梁的选择应取决于符合起重能力的产品型号和规格。

图 5-2 预制构件起吊

图 5-3 单梁吊车

图 5-4 双梁吊车

图 5-5 龙门吊

任务 2 预制构件的运输

一、预制构件的运输

预制构件的运输首先应考虑公路管理部门的要求和运输路线的实际状况，以满足运输安全为前提。装载构件后，货车的总宽度不超过 2.5m，货车总高度不超过 4.0m，总长度不超过 15.5m。一般情况下，货车总重量不超过汽车的允许载重，且不得超过 40t。特殊构件经过公路管理部门的批准并采取措施后，货车总宽度不超过 3.3m，货车总高度不超过 4.2m，总长度不超过 24m，总载重不超过 48t。

预制构件装车作业专业性强、安全责任大，是确保运输安全的源头和关键环节。运输作业领导小组应加强对装车工作的指导，指派专人进行现场指挥，加强装车作业组织，确保装车质量。

总包单位及构件生产单位应制定预制构件的运输方案，其内容应包括运输时间、次序、堆垛场地、运输线路、固定要求、堆垛支垫及成品保护措施等。对于超高、超宽、形状特殊的大型构件，运输和堆垛应有专门的质量安全保证措施。

（一）装卸运输规定

预制构件运输车辆应满足构件尺寸和载重要求，装卸与运输时应遵循下列规定：

（1）装车前，须对构件标识进行检查，标识是否清楚，质量是否合格，有无开裂、破损等现象；

（2）预制混凝土构件起吊时，混凝土强度不小于混凝土设计强度的 75%；

（3）须提前将场内运输道路上的障碍物进行清理，保持道路畅通；

（4）提前对场外运输路况进行核查，查看有无影响运输作业的道路情况；

（5）装车前，须准备好运输所用的材料、人员、机械；

（6）装车作业人员上岗前必须进行培训，接受技术交底，掌握操作技能和相关安全知识，作业前须按规定穿戴劳动保护用品；

（7）装车前须检查确认车辆及附属设备技术状态良好，并检查加固材料是否牢固可靠；

（8）构件起吊前，确定构件已经达到吊装要求的强度并仔细检查每个吊装点是否连接牢靠，严禁有脱扣、连接不紧密等现象；

（9）装卸构件时，应采取保证车体平衡的措施；应采取防止构件移动、倾倒、变形等的固定措施；应采取防止构件损坏的措施，对构件边角部或链索接触处的混凝土，宜设置保护衬垫；构件接触部位应采用柔性垫片填实，支撑牢固，不得有松动。

（二）运输方式

预制构件的运输方式选择须遵循以下几点要求：

预制构件的运输可采用低平板半挂车或专用运输车，并根据构件的种类不同而采取不同的固定方式，楼板采用平面叠放式运输（图 5-6）、墙板采用靠放式运输（图 5-7）或立式运输、异形构件采用立式运输（图 5-8）；预制构件专用运输车，目前国内三一重工和中国重汽均有生产（图 5-9）。

运输过程中构件码放要满足以下要求：

（1）当采用靠放架运输构件时（图 5-10），靠放架应具有足够的承载力和刚度，构件与地面倾斜角度宜大于 80°；墙板宜对称靠放且外饰面朝外，用塑料薄膜包裹避免预制构件外观污染；构件上部宜采用木垫块隔离；运输时构件应采取固定措施；当采用插放架直立运输构件时（图 5-11），宜采取直立运输方式；插放架应有足够的承载力和刚度，并应支垫稳固，采取防止构件移动或倾倒的绑扎固定措施，对构件边角或链锁接触处的混凝土，宜采用柔性衬垫加以保护。

图 5-6　平面叠放式运输　　　　　　　　　　　　图 5-7　靠放式运输

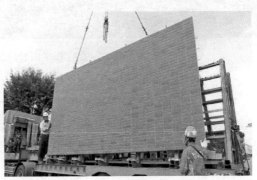

图 5-8　立式运输

图 5-9　三一重工和中国重汽生产的运输车

5-1　预制墙板
运输堆放与安装

图 5-10　靠放架运输示意　　　　图 5-11　插放架运输示意

（2）采用平面叠放方式堆放或运输构件时（图 5-12），应采取防止构件产生裂缝的措施，构件接触部位应采用柔性垫片填实，支撑牢固，不得有松动现象，预制混凝土梁、柱构件运输时平放不宜超过 3 层，板类码放高度不宜超过 6 层。

图 5-12　叠合板平面叠放运输示意

5-2　叠合板运输堆放与安装

5-3　叠合梁运输堆放与安装

二、构件装、卸车

在装车作业时必须明确指挥人员，统一指挥信号。根据吊装顺序合理安排构件装车顺序，厂房内构件装车采用生产线现有桁吊进行装车。

装卸车注意事项：

（1）装车时需有专人指挥，桁吊操作员严格遵守指挥人员指挥进行吊装作业；

（2）平稳起吊，以避免损伤构件棱角；

（3）装车时需有专人配合装车，调整垫木位置。缓慢下落，避免构件磕碰；

（4）对构件边缘等易损部位进行可靠的成品保护。

预制构件在施工现场卸车前，施工单位应做好进场验收工作。

运输车辆进入施工现场的道路应满足预制构件的运输要求；卸放、吊装工作范围内，不得有障碍物，并应有满足预制构件周转使用的场地；堆场应设置在吊车工作范围内，并考虑吊装时的起吊、翻转等动作的操作空间。

三、装车后检查

装车后，须检查货物装载加固是否符合相关规定和要求。

使用的加固材料（装置）规格、数量、质量和加固方法、措施符合装载加固方案。加固部位连接牢靠，预制构件底部与车板距离不小于规定值。

检查完毕并确认预制构件装载符合要求后，粘贴反光条及限速字样。

四、运输准备

场外公路运输要先进行路线勘测，合理选择运输路线，并针对沿途具体运输障碍制定解决措施。对承运单位的技术力量和车辆、机具进行审验，并报请交通主管部门批准，必要时组织模拟运输。

五、组织保障

项目部下设专门的应急支持小组，建立内部和外部沟通机制。项目经理亲自指导、指挥应急支持小组的日常工作，直接听取应急支持小组的各项报告。在特定的紧急状况下召集会议，组织临时机构或亲赴现场处理，直至紧急状况解除。各分组组长负责其职责范围内应急预案措施的组织和具体实施。

六、基本应急措施

针对影响业务正常运行的潜在风险因素，项目部应致力于通过采取"策划、分析和提高作业水平"等措施予以防控。由于第三方责任、不可控因素等导致的实际发生的紧急情况时，将按照预先制定的应急预案，采取"即时报告、维护现场、请求支援、替换替代、调整计划"等措施。必要时，项目部将临时改变分工模式，由项目经理亲自调配资源，消除或减轻紧急情况带来的不利影响。项目部还应通过培训以及制作便于携带的应急预案印刷品等方法，确保每一位具体从事现场操作的工作人员熟悉应急预案内容，进而在紧急情况发生时，采取最为恰当的措施。

（1）天气突变应急预案

在运输作业期间遇天气突变，如降雨等情况，及时对构件进行遮盖并对车辆采取防滑措施，保证货物安全运抵指定地点。

（2）车辆故障应急预案

在运输前，通知备用车辆及维修人员待命。如在途中运输车辆出现故障，立即安排维修技术人员进行维修。如确定无法维修，及时调用备用车辆，采取紧急运输措施，保证在最短时间内运抵指定地点。

（3）道路紧急施工应急预案

对经过的路线进行反复勘察，并在构件起运前一天再次确认道路状况，掌握运输路线的详细资料。尽管如此，仍难以完全避免因道路通行导致的受阻情况。遇到此类情况，现场应及时采取补救措施。如难度较大，则由项目经理将亲赴现场，协调内外部资源，及时提出运输路线整改方案，在施工部门配合下在最短的时间内完成对施工道路进行整改，确保构件运输顺利完成。

（4）道路堵塞应急预案

在构件运输过程中遇到交通堵塞情况，服从当地交通主管部门的协调指挥，加强交通管制。如遇集市或重大集会，应改变运输计划，寻求新的通行路线保证顺利通过。

（5）交通事故应急预案

在运输车辆发生交通事故时，现场人员及时保护事故现场，并上报项目经理及保险公司，说明情况，积极配合交警主管部门处理，必要时，协调交警主管部门在做好记录的前提下"先放行后处理"。

（6）加固松动应急预案

运输过程中，因客观原因导致捆扎松动的情况下，由随从的质量监控人员认真分析松动的原因，重新制定切实可行的加固方案，对构件进行重新加固。

（7）不可抗力应急预案

在运输过程中有不可抗力的情况发生时，首先将运输构件置于相对安全的地带、妥善保管，利用一切可以利用的条件将具体事件及动态通知业主，并按照业主的授权开展工作。如果基本的通信条件不具备，则做好相关记录和构件的保管工作，直到与业主取得联系或者不可抗力事件解除。不可抗力的影响消除后，如果具备继续运输的条件，项目部将在确保构件以及运输人员安全的前提下，继续实施运输计划。

任务3 预制构件的堆放

由于预制构件为工厂标准化生产，不受天气等限制，可以24h不间断作业。而施工现场吊装作业受天气等因素影响较大，所以吊装及安装速度会严重滞后于生产速度。因此成品构件需考虑堆放问题。

由于加工场地狭小，无法进行构件堆放，构件需要在现场进行临时堆放，且为加快吊装速度，运送进场的构件尽可能地卸在离作业面较近的地方，以方便主吊吊装作业。因作业空间狭小，待吊构件应沿墙一侧贴近墙堆放，以保证主吊的有效作业空间。

由于施工现场内为自然地面，在构件堆放前，需对场地地面加以处理。首先对堆放区进行整平，去除浮土并夯实；再采用3～5cm碎石回填10～20cm，并将其夯实；最后用C20混凝土浇筑20cm×30cm地梁。地梁表面沿梁方向埋置5cm×10cm木方，以防止构件与地梁磕碰产生破损。构件到达现场，由管理人员核验之后，按吊装顺序将其分类堆放。堆放高度不宜过高，按照构件强度、垫块强度和稳定性确定。

一、装配式混凝土预制墙板的堆放要求

预制墙板根据受力特点和构件特点，宜采用专用支架靠放或插放（图5-13），支架应有足够的刚度，并支垫稳固。采用靠放架放置，应对称靠放，与地面之间的倾斜角不宜小于80°，每侧不宜大于2层，构件层间上部采用木垫块隔离。构件饰面朝外，用塑料薄膜包裹避免预制构件外观污染。构件与刚性搁置点之间应设置柔性垫片，防止损伤成品构件。

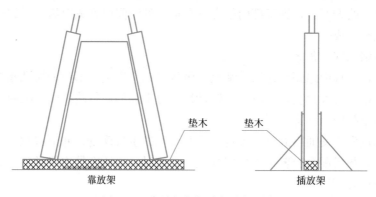

靠放架　　　　　　　　　　　插放架

图5-13　靠放架与插放架堆垛示意

采用联排插放架（图5-14）直立堆放或运输时，应采取防止构件倾倒措施，构件之间设置隔离垫块。

二、装配式混凝土预制板类构件堆放要求

预制板类构件可采用叠放方式存放，其叠放高度应按构件强度、地面承载能力、垫木强度以及垛堆的稳定性来确定，构件层与层之间应垫平、垫实，各层支垫应上下对齐，最

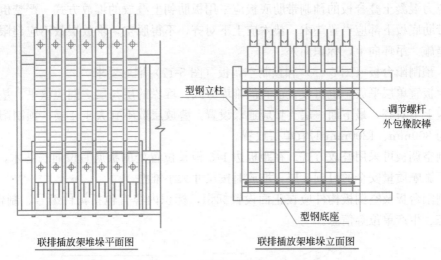

联排插放架堆垛平面图　　　　联排插放架堆垛立面图

图 5-14　联排插放架堆垛示意

下面一层支垫应通长设置。

（1）预制叠合板堆垛要求（图 5-15）

叠合板堆垛场地应平整硬化，宜有排水措施，堆垛时叠合板底板与地面之间应有一定的空隙。垫木放置在叠合板钢筋桁架侧边，板两端（至板端 200mm）及跨中位置垫木间距 s 经计算确定；垫木应上下对齐。不同板号应分别堆放，堆放时间不宜超过两个月。堆垛层数不宜大于 6 层；叠合板底部垫木宜采用通长木方。

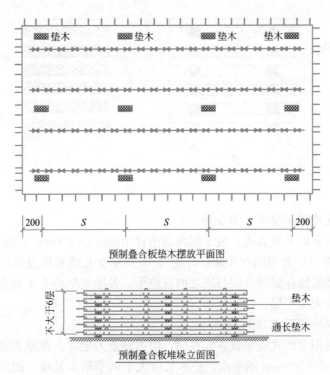

预制叠合板垫木摆放平面图

预制叠合板堆垛立面图

图 5-15　预制叠合板堆垛示意

预应力混凝土叠合板的预制带肋底板应采用板肋朝上叠放的堆放方式，严禁倒置，各层预制带肋底板下部应设置垫木，垫木应上下对齐，不得脱空，堆放层数不应超限，并应有稳固措施。吊环向上，标识向外。

（2）预制阳台板（图5-16）和预制空调板（图5-17）堆垛要求

阳台板宜单层平放，也可设置适宜的堆垛方式。堆垛的层与层之间应垫平、垫实，各层支垫应上下对齐，最下面一层支垫应通长设置。叠放层数不宜大于4层；预制阳台板封边高度为800mm、1200mm时宜单层放置。

预制空调板可采用叠放方式。在距板边1/5板长位置处的板底宜设通长垫木，6层为一组，不影响质量安全的可到8层，堆放时按尺寸大小堆叠。

预制阳台板及空调板构件应在正面设置标识，标识内容宜包括构件编号、制作日期、合格状态、生产单位等信息。

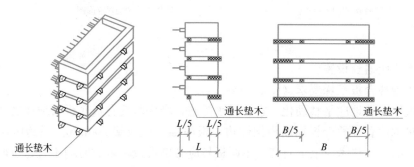

图5-16　预制阳台板堆垛示意

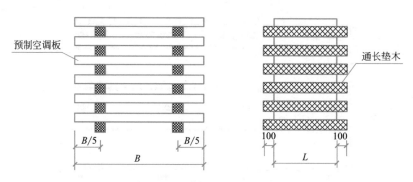

图5-17　预制空调板堆垛示意

（3）预制女儿墙堆垛要求（图5-18）

预制女儿墙可采取平放方式，板下部两端垫置100mm×100mm的垫木，距边缘（$L/5 \sim L/4$）位置放置（L为预制女儿墙总长度）。当预制女儿墙长度过长时，应在中间适当增加垫木。女儿墙堆垛存储时，层与层之前应垫平，各层支垫应上下对齐，不同板号分别码放，总层数不宜大于5层。

（4）预制楼梯堆垛要求（图5-19）

预制楼梯宜采用立放式或平放方式存储，也可设置为堆垛。在堆置预制楼梯时，板下部两端垫置100mm×100mm的垫木，垫木长度大于两个踏步长度，距边缘（$L/5 \sim L/4$）位置放置（L为预制楼梯总长度）。并在预制楼梯段的后起吊（下端）的端部设置防止起吊碰撞的伸长防撞垫木，防止在起吊时的磕碰以及斜向转角磕碰。垫木在层与层之间应垫平、垫实，各层支垫应上下对齐。不同类型应分别堆垛，堆垛层数不宜大于 5 层。

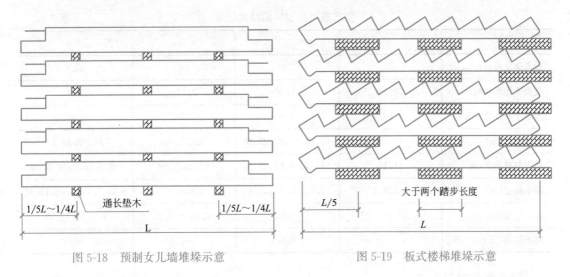

图 5-18　预制女儿墙堆垛示意　　　　　　图 5-19　板式楼梯堆垛示意

任务 4　预制构件的吊装

一、起重机的分类

起重机按照其支固形式和工作原理不同，可分为自行式起重机和塔式起重机。

(一) 自行式起重机

常用的自行式起重机包括履带式起重机、汽车式起重机、轮胎式起重机等。

(1) 履带式起重机 (图 5-20、表 5-1)

特点：灵活性大，移动方便，但稳定性较差。

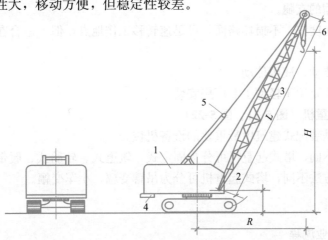

图 5-20　履带式起重机

1—机身；2—行走装置（履带）；3—起重杆；4—平衡重；5—变幅滑轮组；6—起重滑轮组；
H—起重高度；R—起重半径；L—起重杆长度

适用范围：多用于单层工业厂房结构吊装。

组成：底盘、机身、起重臂。

国产履带起重机的技术性能 表 5-1

项目	W₁-100	QU25	W₁-200	W4
最大起重量(t)	15	25	50	63.4
整机工作质量(t)	39.79	41.8	75.79	200
接地平均压力(MPa)	0.087	0.1	0.122	0.182
吊臂长度(m)	13,23	13,16,20,23,27,30	15,30,40	21,27,33,45
最大起升高度(m)	11,19	12,14,16,21,25,28	12,26.5,36	20.5,26.5,32.5,45
最小幅度(m)	4.5,6.5	4,4.5,6,6.5,7,8	4.5,8,10	6.54,7.79,9.03,11.51
起升速度(m/s)	0.265～0.397	0.85	0.202～0.5	6.633～13.25
爬坡能力(%)	—	20%	—	—

（2）汽车式起重机

汽车式起重机是一种将起重作业部分安装在汽车的通用底盘或专用底盘上，具有载重汽车行驶性能的轮式起重机。

分类：按吊臂结构分为：定长臂、接长臂、伸缩臂。

按动力传动分为：机械传动、液压传动、电力传动。

特点：机动灵活性好，能够迅速转移场地。作业时必须先打支腿，以保证必要的稳定性。

适用范围：流动性大而又不固定的结构吊装工地。

（3）轮胎式起重机

轮胎式起重机基本与履带式起重机相同，仅行走部分为轮胎，起重时为保护轮胎应在底盘上装有可收缩的支腿。

特点：行驶速度快，不损坏路面，可迅速转移工作地点，但不适合在松软土或泥泞的路面上工作。

分类：机械传动、液压传动。

适用范围：主要用于轻型工业厂房安装。

（二）塔式起重机（图 5-21、图 5-22）

塔式起重机是装配式建筑中最重要的设备机械。

按行走机构不同，塔式起重机可分为固定式、轨道式、轮胎式、履带式、爬升式、附着式等；按变幅方法不同，塔式起重机可分为吊臂变幅、小车变幅。

二、吊装作业

（一）起吊作业流程

（1）起吊前

起吊前应检查机械索具、夹具、吊环等是否符合要求，并进行试吊。吊索应选用钢丝

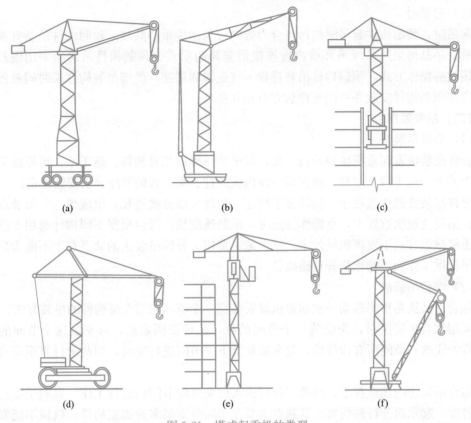

图 5-21　塔式起重机的类型

（a）上旋转式；（b）下旋转式；（c）上旋转爬升式；（d）下旋转轮胎式；（e）上旋转附着式；（f）塔椀式

图 5-22　塔式起重机

5-4　塔式起重机
安装与拆除

绳吊索，吊索直径、长度应根据吊装构件重量和吊点位置计算确定。吊索和吊装构件夹角不宜小于 60°，不应小于 45°。卸扣大小应与吊索匹配，选择卸扣一般应大于等于吊索规格。

117

（2）起吊时

起吊时，预制构件起吊时的吊点合力方向应与构件重心共线。预制构件吊装宜采用标准吊具，吊具可采用预埋吊环或内置连接钢套筒的形式。预制构件吊起应采用慢起、稳升、缓放的操作方式，预制构件吊装过程不宜偏斜和摇摆，严禁吊装构件长时间悬停在空中，应在预制构件安放并稳固支撑后方可松开吊具。

（二）吊装顺序

（1）分件吊装法

分件吊装法系起重机械每开行一次，仅吊装一种或几种构件。施工中，可将施工层再划分为若干个施工段，起重机械在每一段内按照柱、梁、板的顺序分次安装固定。

分件吊装法的优点在于，构件便于校正；构件可以分批进场，供应单一，吊装现场不拥挤；吊具变换次数较少，且操作易熟练，吊装速度快；可以根据不同构件选用不同性能的起重机械，有利于发挥机械效率，减少施工费用。分件吊装法的缺点在于不能为后续工程及早提供工作面；起重机开行路线长。

（2）综合吊装法

综合吊装法是指每移动一次起重机就安装完一个节间内的全部构件的吊装方法。

采用综合吊装法时，先安装一个节间的柱，柱校正固定后，再安装这个节间的梁和板，待安完这一节间所有构件后，起重机移至下一节间进行安装，如此进行直至安完所有构件。

综合吊装法的优点在于，后续工种可进入已安好的节间内进行工作，有利于加速整个工程进度；起重机开行路线短。其缺点主要在于同时安装多种类型构件，机械不能发挥最大效率，且构件供应紧张，现场拥挤，校正困难。

（三）吊装作业安全管理

（1）防止起重机倾翻的措施

① 起重机的行驶道路必须坚实，松软土层要进行处理。

② 禁止超载吊装。

③ 禁止斜吊。

④ 避免满负荷行驶。

⑤ 双机抬吊时要合理分配负荷，密切合作。

⑥ 不吊重量不明的重大构件设备。

⑦ 禁止在六级风的情况下进行吊装作业。

⑧ 操作人员应使用统一操作信号。

（2）防止高空坠落的措施

① 正确使用安全带。

② 在高空使用撬杠时，人要立稳。

③ 工人如需在高空作业时，应搭设临时作业平台。

④ 如需在悬空的屋架上行走，应在其上设置安全栏杆。

⑤ 在雨期或冬期里，必须采取防滑措施。

⑥ 登高使用的梯子必须牢固。

⑦ 操作人员在脚手板上行走时，应精力集中，防止踩上挑头板。

⑧ 安装有预留孔的楼板或屋面板时应及时用木板盖严。

⑨ 操作人员不得穿硬底皮鞋上高空作业。

（3）防止高空落物伤人的措施

① 地面操作人员必须戴安全帽。

② 高空操作人员的工具不得随意向下抛掷。

③ 在高空气割或点焊切割时，应采取措施，防止火花落下伤人。

④ 地面操作人员尽量避免在危险地带停留或通过。

⑤ 构件安装后，必须检查连接质量，确保连接安全可靠，才能松钩或拆除临时固定工具。

⑥ 构件安装现场周围应设置临时栏杆，禁止非工作人员入内。

任务 5 预制构件吊装施工案例

一、吊装施工准备（图 5-23～图 5-32，表 5-2～表 5-8）

图 5-23 弹线效果图

图 5-24 垫块固定

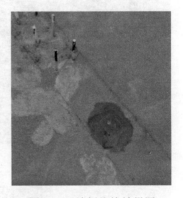
图 5-25 墙板垫块效果图

图 5-26 插筋定位工装

图 5-27 插筋清理

图 5-28　安装示意图

图 5-29　斜支撑摆放示意图

图 5-30　搅拌机

图 5-31　砂浆

图 5-32　坐浆层的制作

准备 1　测量放线 表 5-2

工作内容	根据控制点,弹轴线、控制线,在楼板或地板上弹好墙板侧面位置线、端面位置线和门洞位置线等
方法	首层放线:根据外部控制点弹四周轴线,以四周轴线为基准依次弹出所有轴线,同时确定室内控制基准点,2 层以上楼层先通过基准点进行引测
人员	施工技术员 1 名、劳务人员 1 名
工具	LDF-02l 经纬仪、水准仪、墨斗、线、10m 卷尺、线锤
材料	墨水、标记笔
工作量	17 根轴线、72 块墙板
工时	2h

质量控制要点		
项目	允许偏差(mm)	检验方法
轴线	3	钢尺检查

准备 2　垫块找平 表 5-3

工作内容	水平标高测量、控制标高垫块放置
方法	采用水准仪,根据施工图纸,地面和墙板尺寸,放置垫块找平。垫块高度不宜大于20mm。垫块应放置在内墙板、外墙板的结构受力层上。每块墙板放置 2 组垫块
人员	施工技术员 1 名、劳务人员 2 名
工具	水准仪、标尺、5m 卷尺、铁铲子
材料	(2mm、3mm、5mm、10mm)垫块、砂浆
工作量	72 块墙板,共 144 个点
工时	2h

质量控制要点		
项目	允许偏差(mm)	检验方法
标高	3	水准仪或拉线钢尺检查

准备 3　插筋清理 表 5-4

工作内容	浇筑前采用插筋定位工装进行插筋校准,浇筑后进行插筋复检,并清理水泥浆及铁锈等,插筋位置应符合图纸要求
人员	劳务人员 2 名
工具	5m 卷尺 1 把、插筋定位工装 1 件、钢刷 1 把、钢管 1 根(长 800mm,内径 18mm)
材料	无
工作量	72 块墙板、92 处插筋
工时	2h

质量控制要点			
	项目	允许偏差(mm)	检验方法
插筋	中心线位置	3	尺量检测、宜采用专用定位工装整体检查
	长度	±5	

准备4　安装橡塑棉条　　　　　　　　　　　表5-5

工作内容	外墙吊装时,需安装橡塑棉条
方法	使用双面胶条将泡沫密封条安装在外墙外侧边线上,阻止灌浆、坐浆向外流出
人员	劳务人员1名
工具	锤子、扫把
材料	30mm厚、30mm宽橡塑棉条
工作量	108m
工时	1min/墙板

准备5　墙板斜支撑准备　　　　　　　　　　表5-6

工作内容	准备墙板吊装斜支撑
方法	拆除和搬运墙板斜支撑,搬运至待施工层,按照斜支撑安装图要求,将斜支撑摆放至墙板支撑侧,每块墙板需要长短支撑各2件,将墙板长、短斜支撑在支撑侧摆放整齐
人员	劳务人员2名
工具	24套筒棘轮扳手
材料	斜支撑

准备6　准备坐浆料　　　　　　　　　　　　表5-7

工作内容	准备坐浆料
方法	采用搅拌机搅拌砂浆,砂浆配合比(水泥:沙子1:2),坐浆材料的强度等级不应低于被连接构件的混凝土强度等级,且应满足下列要求:砂浆流动度(130~170mm),1天抗压强度值30MPa,严格按照规范要求,为无收缩砂浆。按批检验,以每层为一检验批,每工作班应制作一组且每层不少于3组边长为70.7mm的立方体试件,标准养护28d后进行抗压强度试验
人员	劳务人员1名
工具	搅拌机、料斗、铲子、吊车
材料	水泥、沙子

准备7　坐浆　　　　　　　　　　　　　　　表5-8

工作内容	坐浆
方法	坐浆:在墙体边线以内位置坐浆,砂浆具有一定的稠性,且强度大于30MPa、无收缩砂浆,坐浆高度稍高于垫块高度,坐浆饱满
人员	技术人员1名
工具	灰桶、小抹子
材料	无收缩水泥砂浆
工作量	—
工时	1min/块(与挂钩并行)

二、吊装施工（以1块墙板为例）（图5-33～图5-42，表5-9～表5-13）

图 5-33　吊索准备

图 5-34　挂钩

图 5-35　起吊

图 5-36　移板

图 5-37　墙板吊装人工手扶

图 5-38　插筋插入灌浆套筒中

图 5-39　安装斜支撑

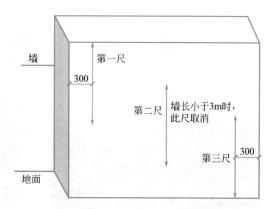

图 5-40　墙垂直度测量示意

图 5-41　调整墙板

图 5-42　释放吊钩、拆卸扣

工序 1　挂钩　　　　　　　　　　　　　　　　　表 5-9

工作内容	挂钩
方法	挂钩与安装引导绳：将平衡梁、吊索移至构件上方，两侧分别设 1 人挂钩，采用爬梯进行登高操作，将吊钩与墙体吊环连接，吊索与构件水平方向夹角不宜小于 60°、不应小于 45°，在墙板下方 2 侧伸出水平封闭钢筋的位置安装引导绳
人员	2 人　工种：吊装人员
工具	钢丝绳、吊索、爬梯、卸扣、引导绳
材料	墙板
工作量	每块墙板 2 个吊点
工时	1min/块

质量控制要点：卸扣必须拧紧，必须露出 2～3 圈螺纹、安装引导绳

工序 2　起吊、移板 表 5-10

工作内容	墙板起吊、转移至施工位置
方法	墙板起吊、转移至施工位置:慢速将墙板调至离地面 20～30cm 处,在确认安全的情况下,中速将构件转移至施工上空,吊装人员通过引导绳摆正构件位置,引导绳不能强行水平移动构件,只能控制旋转方向,平稳吊至安装位置上方 80～100cm 处
人员	2 人　工种:信号工 1 名、吊车司机 1 名
工具	吊车
材料	—
工作量	—
工时	4min/块

工序 3　就位 表 5-11

工作内容	墙板就位
方法	墙板就位:吊至安装平面上方 80～100cm 处,墙板两端施工人员扶住墙板,缓慢降低,将墙板与安装位置线(边线和端线)靠拢。插筋插入灌浆套筒:离地 12～15cm 时,借用镜子观察,将灌浆套筒孔与地面插筋对齐插入,确保墙板边线、端线与地面控制线对齐就位。外墙板就位后检查板与板拼缝是否为 20mm,板缝上下是否一致,对板与板之间接缝平整度进行校正
人员	6 人　工种:吊车司机 1 名、信号工 1 名、吊装人员 4 名
工具	镜子
工时	2～3min/块

工序 4　安装斜支撑、调整墙板 表 5-12

工作内容	安装斜支撑、检查与调整墙板
方法	安装斜支撑:墙板就位后,立即安装长、短斜支撑,支撑安装后,释放吊钩。墙板校准:墙板内斜撑杆以 1 根调整垂直度为准,待校准完毕后再紧固另一根,不可 2 根均在紧固状态下进行调整。测量:短斜支撑调整墙板位置,长斜支撑调整墙板垂直度,采用靠尺测量垂直度与相邻墙板的平整度,垂直度三次测量如图 5-42 所示
人员	4 人　工种:吊装人员
工具	靠尺、线锤、24 套筒棘轮扳手、电锤、爬梯、长短斜支撑
材料	—
工作量	—
工时	3～4min/块

质量控制要点		
项目	允许偏差(mm)	检验方法
1　墙体中心线对轴线位置	5	尺量检查
2　墙体垂直度	3	2m 靠尺、经纬仪或全站仪测量

续表

		质量控制要点	
	项目	允许偏差（mm）	检验方法
3	相邻墙侧面平整度	3	1m水平尺、塞尺量测
4	墙体接缝宽度	±5	尺量检查

工序5：取钩、移位 表5-13

工作内容	取钩、吊绳移位
方法	确定墙板调整固定后，通过爬梯登高取钩，同时将引导绳迅速挂在吊钩上
人员	2人 工种：劳务人员
工具	爬梯
工时	3~5min/块

根据上述步骤，循环安装每一块墙板，6人/组，每块外墙板吊装时间16min/块、内墙板吊装时间13min/块。

按照上述方法完成其他墙板安装。

【课后习题】

5-5 课后习题答案

一、填空题

1. 构件生产厂起重机类型的选择应依据_____、_____、_____、_____和_____等确定。

2. 预制墙板采用靠放架放置，应_____靠放，与地面之间的倾斜角不宜小于_____，每侧不宜大于2层，构件层间上部采用_____隔离。构件饰面朝_____，构件与刚性搁置点之间应设置_____垫片，防止损伤成品构件。

3. 叠合板堆垛场地应_____，宜有_____措施，垫木间距经计算确定，应_____。不同板号应分别堆放，堆放时间不宜超过_____。堆垛层数不宜大于_____层；叠合板底部垫木宜采用_____。

4. 起重机按照其支固形式和工作原理不同，可分为_____和_____。

二、选择题

1. 预制女儿墙可采取平放方式，板下部垫木应放置在（ ）。（L为预制女儿墙总长度）

A. 两端垫置，紧贴两端边缘放置

B. 两端垫置，距边缘（L/9~L/8）位置放置

C. 两端垫置，距边缘（L/5~L/4）位置放置

D. 中部垫置，L/2位置放置

【解析】这是图集的规定，另根据预制桩两点起吊的合理吊点为0.207L、0.586L和0.207L也可推理出（L/5~L/4）为合理垫置点，正弯矩最大值和负弯矩最大值相当。

2. 吊索和吊装构件夹角（　　）。

A. 不宜小于 45°，不应小于 30°

B. 不宜小于 60°，不应小于 45°

C. 不宜小于 90°，不应小于 45°

D. 不宜小于 90°，不应小于 60°

三、问答题

1. 构件装卸车的要点有哪些？

2. 防止高空落物伤人的措施有哪些？

Chapter 06

单元**6**

装配式混凝土构件现场安装

知识目标

掌握装配式混凝土构件现场吊装及安装的施工工艺。

能力目标

能够在现场组织、管理装配式混凝土构件的吊装、安装工作。

素质目标

具备严谨认真的工作态度。

任务介绍

某市某社区安置房项目占地面积为 49813m²，总建筑面积 190689.8m²。C1-07 和 C2-01 地块为地下一层，C3-05 地块为地下两层。地上部分由 12 栋 18 层高层住宅，两栋三层公建以及一栋六层公建组成。其中 12 栋高层为装配整体式剪力墙结构，公建为装配整体式框架结构，构件预制率达 40%以上。基于外墙高精度加工工艺，在外墙板上采用工具连接件形成封闭围挡体系，取消了传统外脚手架。围挡构造简单，搭拆简单，可大大节省材料和场地、缩短工期。工程设置一栋一层半工法楼（图 6-1），设置铝模区、结构区，PC 外墙灌浆封胶工艺，给出关键工序、工法技术展示；对应采用 BIM 技术，全部完成虚拟建造，形成数字化工法楼。

任务分析

根据项目的结构特点和施工质量要求，结合构件现场安装条件，选择预制构件吊装时的机械设备、安装时的临时支撑设置、连接时应用的校正方法；对装配构件连接时存在的误差控制；总结连接点的防水构造与施工要点，混凝土预制构件与现浇区域的抗裂措施；规划各类构件装配施工技术流程；施工过程中对构件的保护以及采取的安全措施。

图 6-1　某项目工法楼模型

任务 1　预制构件安装

子任务 1　预制混凝土竖向受力构件的安装施工

一、测量放线

墙板安装位置测量放线。安装施工前，应在预制构件和已完成的结构上测量放线，设置安装定位标志；对于装配式剪力墙结构测量、安装、定位主要包括以下内容：每层楼面轴线垂直控制点不应少于 4 个，楼层上的控制轴线应使用经纬仪由底层原始点直接向上引测；每个楼层应设置 1 个高程控制点；预制构件控制线应由轴线引出，每块预制构件应有纵、横控制线各 2 条；预制外墙板安装前应在墙板内侧弹出竖向与水平线，安装时应与楼层上该墙板控制线相对应。

当采用饰面砖外装饰时，饰面砖竖向、横向砖缝应引测，贯通到外墙内侧来控制相邻板与板之间、层与层之间饰面砖砖缝对直；预制外墙板垂直度测量，4 个角留设的测点为预制外墙板转换控制点，用靠尺以此 4 点在内侧进行垂直度校核和测量；应在预制外墙板顶部设置水平标高点，在上层预制外墙板吊装时应先垫垫块或在构件上预埋标高控制调节件。

建筑物外墙垂直度的测量，宜选用投点法进行观测。在建筑物大角上设置上下两个标志点作为观测点，上部观测点随着楼层的升高逐步提升，用经纬仪观测建筑物的垂直度并做好记录。

观测时，应在底部观测点的位置安置水平读数尺等测量设施，在每个观测点安置经纬仪投影时应按正倒镜法测出每对观测点标志间的水平位移分量，按矢量相加法求得水平位移值和位移方向。

测量过程中应该及时将所有柱、墙、门洞的位置在地面弹好墨线，并准备铺设坐浆料。将安装位洒水湿润，地面上的墙板下放好垫块，垫块保证墙板底标高的正确，由于坐浆料通常在 1h 内初凝，所以吊装作业必须连续进行，相邻墙板的调整工作必须在坐浆料初凝前进行。

二、铺设坐浆料

坐浆时坐浆区域需运用等面积法计算出三角形区域面积（图 6-2），同时，坐浆料必须满足以下技术要求：

（1）坐浆料拌合物坍落度不宜过高，一般在市场购买 40～60MPa 的浆料，使用小型搅拌机（容积可容纳一包料即可）加适当的水搅拌而成，不宜调制过稀，必须保证坐浆完成后成中间高、两端低的形状。

（2）在坐浆料采购前需要与厂家约定浆料内粗集料的最大粒径为 4～5mm，且坐浆料必须具有微膨胀性。

（3）坐浆料的强度等级应比相应的预制墙板混凝土的强度提高一个等级。

（4）为防止坐浆料填充到外叶板之间，在保温板处补充 50mm×30mm 的保温材料堵塞缝隙，或单独设置封缝材料（图 6-3）。

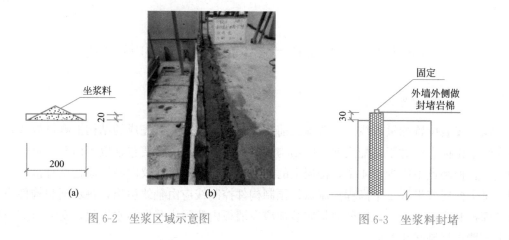

图 6-2　坐浆区域示意图　　　　　　　图 6-3　坐浆料封堵

（5）剪力墙底部接缝处坐浆强度应该满足设计要求。

剪力墙底部坐浆以每层为一检验批；每工作班应制作一组边长为 70.7mm 的立方体试件，每层不少于 3 组，标准养护 28d 后进行抗压强度试验。

三、安装落位

由于吊装作业需要连续进行，所以吊装前的准备工作非常重要。首先应将所有柱、墙、门洞的位置在地面弹好墨线，根据后置埋件布置图，采用后钻孔法安装预制构件定位卡具，并进行复核检查；同时，对起重设备进行安全检查，并在空载状态下对吊臂角度、负载能力、吊绳等进行检查，对吊装困难的部件应进行空载实际演练，将倒链、斜撑杆、螺钉、扳手、靠尺、开孔电钻等工具准备齐全，操作人员对操作工具进行清点。

检查预制构件预留螺栓孔缺陷情况，在吊装前进行修复，保证螺栓孔丝扣完好。提前架好经纬仪、水准仪并调平。填写施工准备情况登记表，施工现场负责人检查核对签字后方可开始吊装。

预制构件在吊装过程中应保持稳定，不得偏斜、摇摆和扭转。吊装时，可采用扁担式吊具吊装。

四、位置校正

墙板底部若局部套筒未对准时，可使用倒链将墙板手动微调，对孔。底部没有灌浆套筒的外填充墙板直接顺着角码缓缓放下即可。

构件垂直坐落在准确的位置后拉线复核水平位置是否有偏差，无误差后，利用预制墙板上的预埋螺栓和地面后置膨胀螺栓安装斜支撑杆，复测墙顶标高后，方可松开吊钩，利用斜撑杆调节好墙体的垂直度（注：在调节斜撑杆时必须两名工人同时、同方向进行，分别调节两根斜撑杆），调节好墙体垂直度后，刮平底部坐浆。

安装施工应根据结构特点按合理顺序进行，需考虑到平面运输、结构体系转换、测量校正、精度调整及系统构成等因素，及时形成稳定的空间刚度单元。必要时应增加临时支撑结构或临时措施。单个混凝土构件的连接施工应一次性完成。

预制墙板等竖向构件安装后，应对安装位置、安装标高、垂直度、累计垂直度进行校核与调整；其校核与偏差调整原则可参照以下要求：

（1）预制外墙板侧面中线及板面垂直度的校核，应以中线为主进行调整；

（2）预制外墙板上下校正时，应以竖缝为主进行调整；

（3）墙板接缝应以满足外墙面平整为主，内墙面不平或翘曲时，可在内装饰或内保温层内调整；

（4）预制外墙板山墙阳角与相邻板的校正，以阳角为基准进行调整；

（5）预制外墙板拼缝平整的校核，应以楼地面水平线为准进行调整。

构件安装就位后，可通过临时支撑对构件的位置和垂直度进行微调（图 6-4）。

图 6-4　构件临时支撑

五、临时固定

安装阶段的结构稳定性对保证施工安全和安装精度非常重要，构件在安装就位后，应采取临时措施进行固定。临时支撑结构或临时措施应能承受结构自重、施工荷载、风荷载、吊装产生的冲击荷载等作用，并不至于使结构产生永久变形。

装配式混凝土结构工程施工过程中，当预制构件或整个结构自身不能承受施工荷载时，需要通过设置临时支撑来保证施工定位、施工安全及工程质量。临时支撑包括水平构件下方的临时竖向支撑，在水平构件两端支撑构件上设置的临时牛腿，竖向构件的临时斜撑等。

对于预制墙板，临时斜撑一般安放在其背后，且一般不少于两道；对于宽度比较小的墙板，也可仅设置 1 道斜撑。

当墙板底部没有水平约束时，墙板的每道临时支撑包括上部斜撑和下部支撑，下部支撑可做成水平支撑或斜向支撑。对于预制柱，由于其底部纵向钢筋可以起到水平约束的作用，故一般仅设置上部支撑。柱的斜撑也最少要设置两道，且应设置在两个相邻的侧面上，水平投影相互垂直。

临时斜撑与预制构件一般做成铰接，并通过预埋件进行连接。考虑到临时斜撑主要承受的是水平荷载，为充分发挥其作用，对上部的斜撑，其支撑点至板底的距离不宜小于板高的 2/3，且不应小于板高的 1/2。

调整复核墙体的水平位置和标高、垂直度及相邻墙体的平整度后，填写预制构件安装验收表，施工现场负责人及甲方代表（或监理）签字后进入下道工序，依次逐块吊装直至本层外墙板全部吊装就位。

预制墙板斜支撑和限位装置应在连接节点和连接接缝部位后浇混凝土或灌浆料强度达到设计要求后拆除；当设计无具体要求时，后浇混凝土或灌浆料应达到设计强度的 75% 以上方可拆除；预制柱斜支撑应在预制柱与连接节点部位后浇混凝土或灌浆料强度达到设计要求，且上部构件吊装完成后进行拆除。拆除的模板和支撑应分散堆放并及时清运，采取相关措施避免施工集中堆载。

子任务 2　预制混凝土叠合楼板的现场施工

一、吊装就位

预制混凝土叠合板吊装采用专用夹钳式吊具吊装，吊装过程中应使板面保持水平（图 6-5），起吊、平移及落板时，应保持速度平缓。吊装应平稳、缓放，按顺序连续进行，将预制混凝土叠合板坐落在木方或方通顶面，及时检查板底就位和搁置长度是否符合要求。

当 PK 预应力混凝土叠合板与板端梁、墙、柱一起现浇时，PK 板的板端在梁、墙、柱上的搁置长度不应小于 10mm；当叠合板搁置在预制梁或墙上时，板端搁置长度不应小于 80mm。铺板前应先在预制梁或墙上用水泥砂浆找平，铺板时再用 10~20mm 厚水泥砂浆坐浆找平。

图 6-5　预制混凝土叠合板吊装

二、临时固定与调整

在叠合板板底设置临时可调节支撑杆，支撑杆应具有足够的承载能力、刚度和稳定性，能可靠地承受混凝土构件的自重和施工荷载以及风荷载。

预制混凝土叠合板吊装安装后，应对安装位置、安装标高进行校核与调整；并对相邻预制构件平整度、高低差、拼缝尺寸进行校核与调整。

设置预制混凝土叠合板预留孔洞。在 PK 板上开孔时，灯线孔采用凿孔工艺，洞口直径不大于 60mm，且开洞应避开板肋及预应力钢筋，严禁凿断预应力钢丝。如果需要在板肋上凿孔或需凿孔直径大于 60mm，应与生产厂家协商在生产时预留孔洞或增设孔洞周边加强筋。在设置孔洞周边加强筋时，应根据板面荷载的大小每侧选用不小于 $2\phi8$ 的附加钢筋，垂直于板肋方向的附加钢筋伸至肋边，平行于板肋方向的附加钢筋伸过洞边距离不小于 $40d$（d 为附加钢筋直径）。

三、浇筑叠合层混凝土

叠合层混凝土的浇筑必须满足现行国家标准《混凝土结构工程施工质量验收规范》GB 50204 中相关规定的要求；浇筑混凝土过程应该按规定见证取样留置混凝土试件。

浇筑混凝土前用塑料管和胶带缠住灌浆套筒预留钢筋，防止预留钢筋粘上混凝土，影响后续灌浆连接的强度和粘结性；同时，必须将板表面清扫干净并浇水充分湿润，但板面不能有积水。

叠合板混凝土浇筑时，为了保证叠合板及支撑受力均匀，混凝土浇筑采取从中间向两边浇筑，连续施工，一次完成。同时，使用平板振动器振捣，确保混凝土振捣密实。

根据楼板标高控制线控制板厚；浇筑时，采用 2m 刮杠将混凝土刮平，随即进行混凝土收面及收面后的拉毛处理；浇筑完成后，按相关施工规范规定对混凝土进行养护。

拓展提高1 ·······

钢筋桁架混凝土叠合楼板安装施工（水平受力构件）

一、钢筋桁架混凝土叠合楼板和 PK 板都是叠合构件，其安装施工均应符合下列规定：

（1）叠合构件的支撑应根据设计要求或施工方案设置，支撑标高除应符合设计规定外，还应考虑支撑本身的施工变形。

（2）控制施工荷载不超过设计规定，并应避免单个预制构件承受较大的集中荷载与冲击作用。

（3）叠合构件的搁置长度应满足设计要求，宜设置厚度不大于 30mm 的坐浆或垫片。

（4）叠合构件混凝土浇筑前，应检查结合面粗糙度，并应检查及校正预制构件的外露钢筋。

（5）叠合构件应在后浇混凝土强度达到设计要求后，方可拆除支撑或承受施工荷载。

二、钢筋桁架混凝土叠合楼板安装施工的现场堆放、板底支撑（图 6-6）与预制混凝土叠合板吊装做法基本一致，其二者主要区别是：钢筋桁架混凝土叠合楼板面积较大，吊装必须采取多点吊装的方式。实现多点吊装的做法是每根钢丝绳挂于吊装架的柔性钢丝绳上，使得每个吊点受力均匀。

图 6-6　钢筋桁架混凝土叠合楼板安装

拓展提高2

一、叠合梁

装配式结构梁基本以叠合梁形式出现。叠合梁吊装的定位和临时支撑（图 6-7）非常重要，准确的定位决定着安装质量，而合理地使用临时支撑不仅是保证定位质量的手段，也是保证施工安全的必要措施。

图 6-7　叠合梁吊装图

关于钢筋连接，普通钢筋混凝土结构梁柱节点钢筋交错密集但有调整的空间，而装配式混凝土结构后浇混凝土节点间受空间限制，很容易发生"碰撞"（图 6-8）情况。因此，一是要在拆分设计时即考虑好各种钢筋的关系，直接设计出必要的弯折（图 6-9）；二是吊装方案要按拆分设计考虑吊装顺序，吊装时则必须严格按吊装方案控制先后。

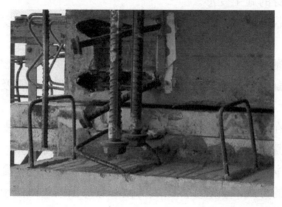

图 6-8　叠合梁节点钢筋碰撞

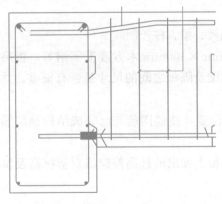

图 6-9　叠合梁节点钢筋避让

图 6-10　叠合式阳台板

二、阳台板

装配式结构阳台一般设计成封闭式结构，结合钢筋桁架叠合板进行安装（图 6-10）；另一种悬挑式全预制阳台（图 6-11）。空调板、太阳能板也是全预制悬臂式结构，均为按设计甩出钢筋通过后浇混凝土与结构连接（图 6-12）。

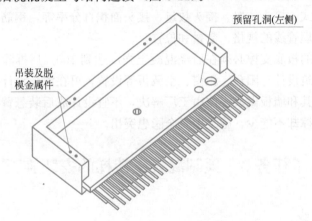

图 6-11　全预制阳台板

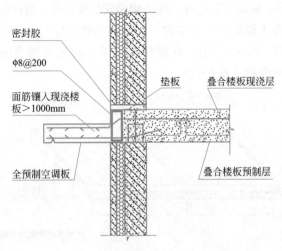

图 6-12　预制悬臂板连接

（一）阳台板施工技术要点如下：

（1）每块预制构件吊装前测量并弹出相应周边隔板、梁、柱控制线。

（2）板底支撑采用钢管脚手架＋可调顶托＋100mm×100mm木方或工字钢等，板吊装前应检查是否有可调支撑高出设计标高，校对预制梁及隔板之间的尺寸是否有偏差，并做相应调整。

（3）预制构件吊至设计位置上方3～6cm处调整位置，使锚固筋与已完成结构预留筋错开就位，构件边线基本与控制线吻合。

（4）当一跨板吊装结束后，要根据板周边线、隔板上弹出的标高控制线对板标高及位置进行精确调整，误差控制为2mm。

（二）阳台板施工中，应重点注意以下事项：

（1）悬臂式全预制阳台板、空调板、太阳能板甩出的钢筋都是负弯矩筋，首先应注意钢筋绑扎位置的准确。同时，在后浇混凝土过程中要严格避免踩踏钢筋而造成钢筋向下位移。

（2）施工荷载宜均匀布置，并不应超过设计规定。

（3）在连接点叠合构件浇筑混凝土前，应进行隐蔽工程验收，其主要内容应包括：混凝土粗糙面的质量，键槽的规格、数量、位置，钢筋的牌号、规格、数量、位置、间距等，钢筋的连接方式、接头位置、接头数量、接头面积百分率等，钢筋的锚固方式及锚固长度，预埋件、预埋管线的规格、数量和位置。

（4）预制构件的板底支撑必须在后浇混凝土强度达到100％后拆除。编者认为对于装配式结构，即使建筑设计有阳台、飘窗、空调板等设置，可在深化设计和拆分设计时设计成简支构件，或将其和墙板做成一体由工厂解决，不宜设计成后装悬臂式构件，虽然构件不大但脚手架和支撑却不能少，施工中安全隐患突出。

子任务3　预制混凝土楼梯的安装施工

一、测量放线

检查核对构件编号，确定安装位置，弹出楼梯安装控制线，对控制线及标高进行复核。

楼梯侧面距结构墙体预留30mm空隙，为后续初装的抹灰层预留空间；梯井之间根据楼梯栏杆安装要求预留40mm空隙。在楼梯段上下口梯梁处铺20mm厚水泥砂浆找平，找平层灰饼标高要控制准确（图6-13）。

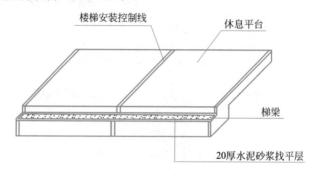

图6-13　预制楼梯测量放线图示

二、吊装落位

预制楼梯采用水平吊装（图 6-14），用螺栓将通用吊耳与楼梯板预埋吊装内螺母连接，起吊前检查卸扣卡环，确认牢固后方可继续缓慢起吊。调整索具铁链长度，使楼梯段休息平台处于水平位置，试吊预制楼梯板，检查吊点位置是否准确，吊索受力是否均匀；试起吊高度不应超过 1m。

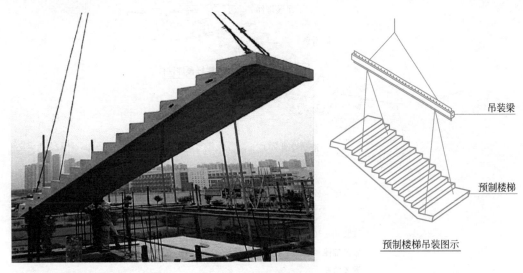

吊装梁

预制楼梯

预制楼梯吊装图示

图 6-14　预制楼梯吊装

楼梯吊至梁上方 30～50cm 后，调整楼梯位置，使梯板边线基本与控制线吻合。就位时要求缓慢操作，严禁快速猛放，以免造成楼梯板受振动而损坏。楼梯板基本就位后，根据控制线，利用撬棍微调、校正，先保证楼梯两侧准确就位，再使用水平尺和倒链调节楼梯水平（图 6-15）。

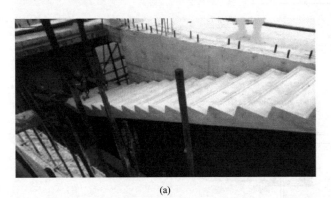

(a)　　　　　　　　　　　　　　　　　　(b)

图 6-15　预制楼梯落位

三、预制楼梯的固定

按照预制楼梯设计安装构造要求（图 6-16），应先进行固定铰端（图 6-17）施工，再进行滑动铰端（图 6-18）施工。楼梯采用销键预留洞与梯梁连接的做法时，满足固定铰端节点做法要求，采用焊接连接等可靠连接方式。在楼梯销件预留孔封闭前对楼梯梯段板进行验收。

预制楼梯段安装施工过程中及装配后应做好成品保护，成品保护可采取包、裹、盖、遮等有效措施，防止构件被撞击损伤和污染。

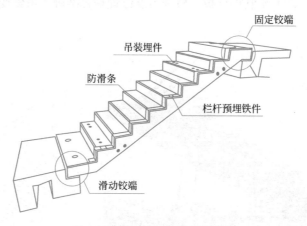

图 6-16　预制楼梯安装构造图示

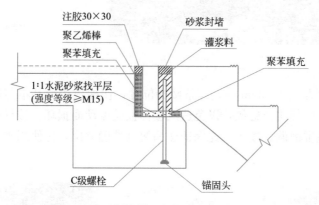

图 6-17　预制楼梯固定铰端安装节点图示

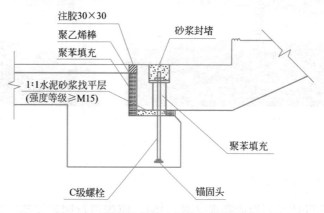

图 6-18　预制楼梯滑动铰端安装节点图示

子任务 4 预制混凝土外挂墙板的安装施工

一、外挂墙板施工前准备

外挂墙板安装前应该编制安装方案，确定外挂墙板水平运输、垂直运输的吊装方式，进行设备选型及安装调试。

外挂墙板在进场前应进行检查验收，不合格的构件不得安装使用，安装用连接件及配套材料应进行现场报验，复试合格后方可使用。

外挂墙板的现场存放应该按安装顺序排列并采取保护措施。

外挂墙板安装人员应提前进行安装技能和安装培训工作，安装前施工管理人员要做好技术交底和安全交底。施工安装人员应充分掌握安装技术要求和质量检验标准。

二、外挂墙板施工流程

（一）测量放线

主体结构预埋件应在主体结构施工时按设计要求埋设；外挂墙板安装前应在施工单位对主体结构和预埋件验收合格的基础上进行复测，对存在的问题应与施工、监理、设计单位进行协调解决。主体结构及预埋件施工偏差应符合现行国家标准《混凝土结构施工质量验收规范》GB 50204 的规定，垂直方向和水平方向最大施工偏差应该满足设计要求。

（二）吊装落位

外挂墙板应该按顺序分层或分段吊装，吊装应采用慢起、稳升、缓放的操作方式，应系好缆风绳控制构件转动；吊装过程中应保持稳定，不得偏斜、摇摆和扭转。

（三）临时固定与调整

外挂墙板正式安装前要根据施工方案要求进行试安装，经过试安装并验收合格后可进行正式安装（图 6-19、图 6-20），并应采取保证构件稳定的临时固定措施。

图 6-19 外挂墙板安装

外挂墙板的校核与偏差调整应按以下要求：

（1）预制外挂墙板侧面中线及板面垂直度的校核，应以中线为主调整。

（2）预制外挂墙板上下校正时，应以竖缝为主调整。

（3）墙板接缝应以满足外墙面平整为主，内墙面不平或翘曲时，可在内装饰或内保温层内调整。

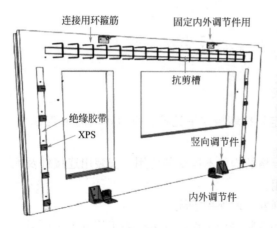

图 6-20　外挂墙板校核与调整

（4）预制外挂墙板山墙阳角与相邻板的校正，应以阳角为基准调整。

（5）预制外挂墙板拼缝平整的校核，应以楼地面水平线为准调整。

（四）检查验收与防腐处理

外挂墙板安装就位后应对连接节点进行检查验收，隐藏在墙内的连接节点必须在施工过程中及时做好隐蔽工程检查验收记录。

外挂墙板均为独立自承重构件，应保证板缝四周为弹性密封构造，安装时，严禁在板缝中放置硬质垫块，避免外挂墙板通过垫块传力造成节点连接破坏。

节点连接处外露铁件均应做防腐处理，对于焊接处镀锌层破坏部位必须涂刷三道防腐涂料防腐，有防火要求的铁件应采用防火涂料喷涂处理。

6-1　外墙板吊装过程

6-2　外墙板焊接连接施工

任务 2　钢筋套筒灌浆施工

一、施工准备

（一）灌浆用设备器具

灌浆用设备器具如下：灌浆挤压枪、电子秤、电动搅拌器、水桶、三联试模、流动性测量器、灰桶、水勺、美工刀、秒表、卷尺。

（二）准备灌浆用材料

微膨胀灌浆料、可饮用自来水、堵头。

（三）准备工作

（1）墙板安装前，应核查每种套筒灌浆连接接头的型式检验报告和墙板构件生产前灌浆套筒接头工艺检验报告。同时按不超过 1000 个灌浆套筒为一批，每批随机抽取 3 个灌浆套筒制作对中连接接头试件，标养养护 28d 后，进行抗拉强度检验。此项为强制性条文，不可复检。

（2）灌浆料进场时，应对其拌合物的初始流动度、30min 流动度（图 6-21）、泌水率及 1d 强度、3d 强度、28d 强度、竖向膨胀率、干燥收缩性能、氯离子含量等项目进行检验，检验结果应符合现行建筑行业标准《钢筋连接用套筒灌浆料》JG/T408 的有关规定。

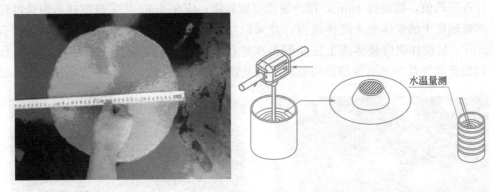

图 6-21　流动度实验

检查数量：同一成分、同一工艺、同一批号的灌浆料，检验批量不应大于 50t，每批按现行建筑行业标准《钢筋连接用套筒灌浆料》JG/T408 的有关规定随机抽取灌浆料制作试件。

二、钢筋套筒灌浆施工工艺

（1）灌浆前，应制定灌浆操作的专项质量保证措施。

（2）湿润注浆孔，注浆前应用水将注浆孔进行润湿。

（3）制备灌浆料拌合物。

灌浆料配合比：灌浆料与水拌合，以重量计，加水量与干料量为标准配合比，拌合用水必须经称量后加入（注：拌合用水采用饮用水，水温控制在 20℃ 以下，尽可能现取现用）。为使灌浆料的拌合比例准确并且在现场施工时能够便捷地进行灌浆操作，现场使用量筒作为计量容器，根据灌浆料使用说明书加入拌合用水。

先在搅拌桶内加入定量的水，搅拌机、搅拌桶就位后，将灌浆料倒入桶内加水搅拌，加入至约 80% 的水量搅拌 3～4min 后，再加所剩约 20% 的水，搅拌均匀后静置一定时间，排气，随后进行灌浆作业。灌浆料通常使用温度为 5～40℃。应避开夏季一天内温度过高的时间、夏季灌浆操作时，要求灌浆班组在上午十点之前、下午三点之后进行，并且保证灌浆料及灌浆器具不受太阳光直射；保证灌浆料现场操作时所需的流动性，延长灌浆的有效操作时间，灌浆料初凝时间约为 15min；在灌浆操作前，可将与灌浆料接触的构件洒水降温，改善由构件表面温度过高、构件过于干燥产生的问题，并保证在最快时间完成灌浆；也应避开冬季一天内温度过低的时间，冬期灌浆操作要求室外温度高于 5℃ 时才可进行。

搅拌时间从开始投料到搅拌结束应不少于 3min，应按产品使用要求计量灌浆料和水的用量并搅拌均匀，搅拌时叶片不得提至浆料液面之上，以免带入空气；拌制时须按照灌浆料使用说明进行，严格控制水料比、拌置时间，搅拌完成后应静置 3～5min，待气泡排除后方可进行后续施工。灌浆料拌合物应在制备后 0.5h 内用完，灌浆料拌合物的流动度应满足现行国家相关标准和设计要求。

（4）检测流动度

湿润玻璃板和截锥圆模内壁，但不得有明水；将截锥圆模放置在玻璃板中间位置。将水泥基灌浆料浆体倒入截锥圆模内，直至浆体与截锥圆模上口相平；徐徐提起截锥圆模，让浆体在无扰动条件下自由流动直至停止；测量浆体最大扩散直径及与其垂直方向的直径，计算平均值，精确到 1mm，作为流动度初始值；应在 6min 内完成搅拌合测量过程。

将玻璃板上的浆体装入搅拌锅内，并采取防止浆体水分蒸发的措施。自加水拌合起30min 时，将搅拌锅内浆体按上述步骤再次进行试验，测定结果作为流动度 30min 保留值。初始流动度及 30min 保留值均要满足规范要求，每工作班组进行一次测试（图 6-22）。

图 6-22　检测流动性

（5）灌浆及封堵

在预制墙板校正后、预制墙板两侧现浇部分合模前进行灌浆操作（图 6-23）。

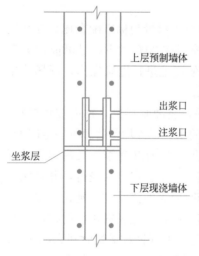

上层预制墙体

出浆口

注浆口

坐浆层

下层现浇墙体

6-3　灌浆施
工操作

图 6-23　灌浆操作

采用专用的灌浆机进行灌浆，该灌浆机可提供一定的压力，由墙体下部中间的灌浆孔进行灌浆，灌浆料先流向墙体下部 20mm 找平层，当找平层灌浆注满后，灌浆料向上灌注由上部排气孔溢出，随即用塞子进行封堵。该墙体所有孔洞均溢出浆料后，视为灌浆完成。灌浆施工时环境温度应在 5℃以上，必要时，应对连接处采取保温加热措施，保证浆料在 48h 凝结硬化过程中连接部位的温度不低于 10℃。灌浆完毕后立即清洗搅拌机、搅拌桶、灌浆筒等器具，以免灌浆料凝固、清理困难，每灌注完成一筒后灌浆筒均需清洗一次，清洗完毕后方可再次使用。所以，在每个班组灌浆操作时须准备至少三组灌浆筒，其中一组备用。

灌浆作业完成后 12h 内，构件和灌浆连接接头不应受到振动或冲击作用。

（6）灌浆作业应及时形成施工质量检查记录表和影像资料。

施工现场灌浆施工中，灌浆料的 28d 抗压强度应符合设计要求及现行标准《钢筋连接用套筒灌浆料》JG/T408 的规定，用于强度检验的试件应在灌浆地点制作。每工作班取样不得少于 1 次，每楼层取样不得少于 3 次；每次抽取 1 组试件，每组 3 个试块，试块规格为 40mm×40mm×160mm，标准养护 28d 后进行抗压强度试验。

任务 3　钢筋绑扎

一、钢筋加工

工作内容：钢筋的锚固、定位和安装。

工具：钢筋切断机、钢筋弯曲机、钢筋锚固板、焊接设备。

二、楼面钢筋绑扎与连接

（1）钢筋连接

装配式混凝土结构的钢筋连接如果采用钢筋焊接连接，接头应符合现行行业标准《钢筋焊接及验收规程》JGJ 18 的有关规定；如果采用钢筋机械连接接头应符合现行行业标准《钢筋机械连接技术规程》JGJ 107 的有关规定，机械连接接头部位的混凝土保护层厚度应根据构件类型和环境类别确定，并符合现行国家标准《混凝土结构设计规范》GB 50010 中混凝土保护层最小厚度的规定，且不得小于 15mm，接头之间的横向净距不宜小于 25mm；

当钢筋采用弯钩或机械锚固措施时，钢筋锚固端的锚固长度应符合现行国家标准《混凝土结构设计规范》GB 50010 的有关规定；采用钢筋锚固板时，应符合现行行业标准《钢筋锚固板应用技术规程》JGJ 256 的有关规定。

（2）钢筋定位

装配式混凝土结构后浇混凝土内的连接钢筋应埋设准确，连接与锚固方式应符合设计和现行有关技术标准的规定。

构件连接处钢筋位置应符合设计要求。当设计无具体要求时，应保证主要受力构件和构件中主要受力方向的钢筋位置，并应符合下列规定：框架节点处，梁纵向受力钢筋宜置于柱纵向钢筋内侧；当主、次梁底部标高相同时，次梁下部钢筋应放在主梁下部钢筋之上；剪力墙中水平分布钢筋宜置于竖向钢筋外侧，并在墙端弯折锚固。

钢筋套筒灌浆连接接头的预留钢筋应采用专用模具进行定位，并应符合下列规定：定位钢筋中心位置存在细微偏差时，宜采用钢套管方式进行细微调整；定位钢筋中心位置存在严重偏差影响预制构件安装时，应按设计单位确认的技术方案处理。

预制构件的外露钢筋应采用可靠的绑扎固定措施对长度进行控制，并应采取措施防止弯曲变形，在预制构件吊装完成后，对其位置进行校核与调整。

（3）钢筋安装

预制墙板连接部位宜先校正水平连接钢筋，后安装箍筋套，待墙体竖向钢筋连接完成后绑扎箍筋，连接部位加密区的箍筋宜采用封闭箍筋；预制梁柱节点区的钢筋安装时，节点区柱箍筋应预先安装于预制柱钢筋上，随预制柱一同安装就位；预制叠合梁采用封闭箍筋时，预制梁上部纵筋应预先穿入箍筋内临时固定，并随预制梁一同安装就位；预制叠合梁采用开口箍筋时，预制梁上部纵筋可在现场安装。

拓展提高3

1. 装配式混凝土结构混凝土后浇区的钢筋安装。

（1）装配式混凝土结构后浇节点间的钢筋安装做法会受操作顺序和空间的限制与常规做法有很大不同，须在符合相关规范要求的前提下顺应装配式混凝土结构的施工要求。

（2）装配式混凝土结构预制墙板间竖缝的钢筋安装宜采用后浇混凝土并设置封闭箍筋的形式，按图集《装配式混凝土结构连接节点构造》G310-1～2中预制墙板构件竖缝附加连接钢筋做法进行作业。

如果竖向分布钢筋按搭接做法预留，封闭箍筋或附加连接（也是封闭）钢筋均无法安装，只能用开口箍筋代替。对于竖缝钢筋的这种设计，必须在做施工方案时明确采用Ⅰ级接头机械连接做法（图6-24）。

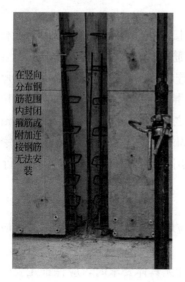
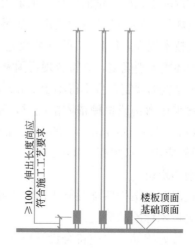

图6-24 预制墙板间竖向拼缝的钢筋安装

2. 现浇区钢筋施工

（1）板钢筋工艺流程

安放板底钢筋保护层垫块——架空安装楼面钢筋（图6-25）——安装板负筋（若为双层钢筋则为上层钢筋）并设置马镫——设置板厚度模块——自检、互检、交接检——报监理验收。

（2）梁底钢筋保护层设置砂浆垫块或混凝土垫块，保证混凝土对钢筋的握裹力。

（3）根据现浇节点钢筋图，从墙顶上插入节点纵向钢筋，穿过相应的箍筋，并与箍筋初步固定（图6-26）。

图 6-25　楼面钢筋安装

图 6-26　墙板现浇区钢筋安装固定

任务 4　后浇混凝土施工

一、模板拼装（表 6-1、图 6-27）

"T" 形节点模板拼装　　　　　　　　　　　　　　　　　　表 6-1

工作内容	按照配模图进行模板拼装，并放置在节点指定位置
方法	竖向拼装完成后，进行横向拼装；横向拼装采用销钉、销片连接。连接时，带转角的模板以阴角模为基准往两边连接，平面模板从左至右进行依序连接。拼装完成后用临时支撑进行支撑，防止模板倒塌造成安全事故
人员	2 人　　　工种：劳务人员

145

续表

工具	靠尺、线锤、羊角锤、水平尺、长斜撑
材料	ϕ16销钉、销片
工作量	8大块模板横向拼接
工时	3～4min/块

质量控制要点：

	项目	允许偏差(mm)	检验方法
1	相邻面板拼缝高低差	≤0.5mm	用2m测尺和塞尺
2	相邻面板拼缝间隙	≤0.8mm	直角尺和塞尺
3	模板垂直度	≤3mm	靠尺、线锤
4	模板水平度	≤2mm	靠尺、水平尺
5	销钉销片连接	间距≤300mm	间距根据孔距确认； 连接紧固到位，无松动现象

图 6-27　模板拼装

二、混凝土浇筑

（1）对于装配式混凝土结构的墙板间边缘构件，竖缝位置后浇混凝土带的浇筑，应该与水平构件的混凝土叠合层以及按设计非预制而必须现浇的结构区域同步进行。必须现浇的结构有作为核心筒的电梯井、楼梯间等。一般选择一个单元作为一个施工段，按照先竖向、后水平的顺序浇筑施工。这样的施工安排就能通过后浇混凝土使竖向构件和水平构件形成整体。

（2）后浇混凝土浇筑前，应进行所有隐蔽项目的现场检查与验收。

（3）浇筑混凝土过程中应按规定见证取样留置混凝土试件。同一配合比的混凝土，每工作班且建筑面积不超过 1000m² 应制作一组标准养护试件，同一楼层应制作不少于 3 组标准养护试件。

（4）混凝土应采用预拌混凝土，预拌混凝土应符合现行相关标准的规定；装配式混凝土结构施工中的结合部位或接缝处混凝土的工作性能应符合设计和施工的规定；当采用自密实混凝土时，应符合现行相关标准的规定。

（5）预制构件连接节点和连接接缝部位后浇混凝土施工应符合下列规定：浇筑前，应清洁结合部位，并洒水润湿（图 6-28）。

图 6-28　现场浇筑混凝土施工

连接接缝处混凝土应连续浇筑，竖向连接接缝可逐层浇筑，混凝土分层浇筑高度应符合现行规范要求；浇筑时，应采取保证混凝土浇筑密实的措施；同一连接接缝的混凝土应连续浇筑，并应在底层混凝土初凝之前将上一层混凝土浇筑完毕；预制构件连接节点和连接接缝部位的混凝土应加密振捣点，并适当延长振捣时间。预制构件连接处混凝土浇筑和振捣时，应对模板和支架进行观察及维护，发生异常情况应及时进行处理；构件接缝处混凝土浇筑和振捣时，应采取措施防止模板、连接构件、钢筋、预埋件及其定位件的移位。

三、混凝土养护

混凝土浇筑完毕后，应按施工技术方案要求及时采取有效的养护措施，并应符合下列规定：

（1）应在浇筑完毕后的 12h 以内对混凝土加以覆盖并养护。

（2）浇水次数应使混凝土能够保持湿润状态；采用塑料薄膜覆盖养护的混凝土，其敞露的全部表面应覆盖严密，并应保持塑料薄膜内有凝结水；混凝土表面不便浇水或使用塑料布时，宜涂刷养护剂。

（3）对于采用硅酸盐水泥、普通硅酸盐水泥或矿渣硅酸盐水泥拌制的混凝土，不得少于 7d，对掺用缓凝型外加剂或有抗渗要求的混凝土，不应少于 14d。当掺用其他品种水泥时，混凝土的养护时间应根据所采用水泥的技术性能确定。

（4）大体积混凝土的养护，应根据气候条件按施工技术方案采取控温措施。

（5）混凝土强度达到 1.2MPa 前，不得在其上踩踏或安装模板及支架。

（6）气温低于 5℃时，不得浇水。

拓展提高4

喷涂混凝土养护剂是混凝土养护的一种新工艺，混凝土养护剂是高分子材料，喷洒在混凝土表面后固化，形成一层致密的薄膜，使混凝土表面与空气隔绝，大幅度降低水分从混凝土表面蒸发的损失。

同时，可与混凝土浅层游离氢氧化钙作用，在渗透层内形成致密、坚硬表层，从而利用混凝土中自身的水分最大限度地完成水化作用，达到混凝土自养的目的。用养护剂的作用是保护混凝土，因为混凝土硬化过程表面失水，会产生收缩导致裂缝，即塑性收缩裂缝；在混凝土终凝前，无法洒水养护，使用养护剂是较好的选择。对于装配整体式混凝土结构竖向构件接缝处的后浇混凝土带，洒水保湿比较困难，采用养护剂保护是可行的选择。

【课后习题】

6-4 课后
习题答案

一、填空题

1. 预制楼梯安装时，在侧面与结构墙体预留空隙为了_____；梯井之间预留空隙为了_____。在楼梯段上下口梯梁处铺水泥砂浆是为了_____。

2. 板底支撑一般采用_____＋_____＋_____等组合方式，进行可靠支撑和标高调整。

3. 按照预制楼梯设计安装构造要求，应先进行_____端施工，再进行_____端施工。

4. 按照下图安装示意，写出预制外墙竖向连接各部位的名称：

1—_____；2—_____；3—_____；4—_____；5—_____

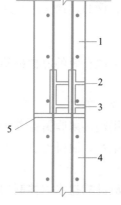
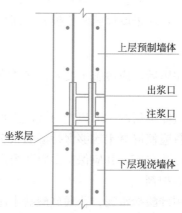

148

二、选择题

1. 预制墙板与临时斜撑一般做成_____接，并通过预埋件进行连接。对上部的斜撑，其支撑点距离板底的距离不宜小于板高的_____，且不应小于高度的_____。（　　）

A. 铰接，2/3，1/2

B. 铰接，1/2，1/3

C. 刚接，2/3，1/2

D. 刚接，1/2，1/3

2. 关于钢筋设置，以下说法错误的是（　　）。

A. 框架节点处，梁纵向受力钢筋宜置于柱纵向钢筋内侧

B. 当主、次梁底部标高相同时，次梁下部钢筋应放在主梁下部钢筋之下

C. 剪力墙中水平分布钢筋宜置于竖向钢筋外侧，并在墙端弯折锚固

D. 应保证主要受力构件和构件中主要受力方向的钢筋位置

3. 关于钢筋安装，以下说法错误的是（　　）。

A. 预制墙板连接部位宜先校正水平连接钢筋，后安装箍筋套

B. 待墙体连接部位加密区的箍筋宜采用封闭箍筋

C. 预制梁柱节点区的柱箍筋应预先安装于预制柱钢筋上，随预制柱一同安装就位

D. 预制叠合梁采用封闭箍筋时，预制梁上部纵筋可在现场安装

三、问答题

1. 预制混凝土竖向受力构件的安装施工的一般步骤是什么？

2. 外挂墙板的校核与偏差调整有哪些要求？

3. 预制构件临时支撑的作用是什么？应具备怎样的功能？

4. 套筒灌浆施工中，灌浆料拌合物的流动度如何检验？

Chapter 07

单元**7**

装配式混凝土工程施工与现场管理

知识目标

掌握装配式混凝土建筑工程的施工技术与管理措施。

能力目标

能够完成装配式混凝土建筑工程施工现场的组织管理工作。

素质目标

具有集体意识、良好的职业道德修养和与他人合作的精神，协调同事之间、上下级之间的工作关系。

任务介绍

本工程是由×××事业部湖汽公司投资建设，用于湖汽公司产业园的配套项目，位于邵阳市双清区邵阳大道三一产业园。本工程为一栋建筑面积 3812.58m²、地上 6 层的 PC 结构宿舍楼，占地面积约为 625.25m²，层高 3.3m，采用灌浆套筒剪力墙装配式结构体系，预制率 68.2%（图 7-1）。

图 7-1 项目效果图

任务分析

根据项目的结构特点和施工质量要求，对基础施工、预制墙板构件安装和套筒灌浆连接进行施工方案的制定，按照图纸要求控制机械吊装和人工安装的精度，对关键技术攻坚克难，保证工程质量达标。

（1）地基基础：采用预应力管桩，其中 PHC-AB500（125）26 根，PHC-AB400（95）48 根。

（2）预制构件：预制外墙板、预制内墙板、叠合楼板、楼梯、楼梯梁、雨篷、女儿墙，总体积为 1020m³。

（3）外墙装饰：真石漆。

（4）内墙装饰：乳胶漆墙面、内墙面砖墙等。

（5）楼地面：地砖地面。

（6）顶棚：乳胶漆顶棚、吊顶顶棚等。

（7）门窗：防火门、防盗门。

任务 1　基础施工

子任务 1　准备工作

一、施工安排

根据要求，确定灌浆套筒剪力墙装配式结构施工方法需要做的准备工作、施工过程、机械的选择、施工的方法以及质量的检查。

二、施工机械设备配备情况

施工的机械设备配备情况见表 7-1、表 7-2。

测量仪器及工具　　　　　　　　　表 7-1

名称	型号	数量	工作内容	仪器图片
水准仪	DS3	1 台	1. 桩顶标高控制； 2. 垫层标高控制； 3. 承台标高控制； 4. 水平平整度控制	
经纬仪	DJ1	1 台	1. 基础轴线测设； 2. 承台轴线测设； 3. PC 墙体轴线、控制线测设； 4. 垂直度检查、控制	
全站仪	C-100	1 台	1. 桩点定位； 2. 预埋筋（插筋、剪力墙钢筋）定位、复核	
靠尺	2m	3 把	1. 测 PC 墙板安装垂直度； 2. 测模板安装垂直度； 3. 安装垂直度检查	
钢尺	50m	2 把	测量较长距离	

续表

名称	型号	数量	工作内容	仪器图片
塞尺	15026	4 把	1. 间隙的测量； 2. PC 墙板安装时测量墙板间距	
钢卷尺	3m、5m 7m、10m	各 5 把	距离测量	
木桩	50mm×50mm ×700mm	30 根	控制桩点	
铁锤	2kg	2 把	控制桩打入	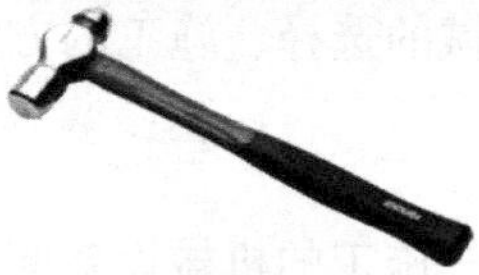
线锤	12#	5 个	1. 投设点； 2. 测垂直度	

主要机械设备　　　　　　　　　　　　表 7-2

机械名称	型号	使用部位	机械图片
柴油锤打桩机	D20	预制管桩打桩	
汽车式起重机	25t	吊管桩	
平板挂车	载重 35t	运输预应力管桩	

续表

机械名称	型号	使用部位	机械图片
电焊机	NB-500KR	预应力管桩对接	
截桩机	HQZ-500	截桩头	

此外，项目还需钢丝绳、挂钩、铁锤、电线、焊丝等工具。

子任务 2 施工过程

一、预制管桩施工

（1）管桩施工平面图（图 7-2）

预应力管桩 PHC-AB500（125）26 根，PHC-AB400（95）48 根。

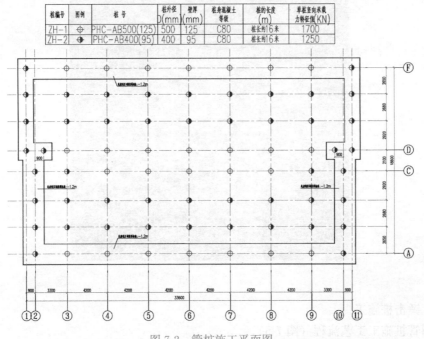

桩编号	图例	桩号	桩外径D(mm)	壁厚(mm)	桩身混凝土等级	桩的长度(m)	单桩竖向承载力特征值(KN)
ZH-1	⊕	PHC-AB500(125)	500	125	C80	桩长约16米	1700
ZH-2	⊕	PHC-AB400(95)	400	95	C80	桩长约16米	1250

图 7-2 管桩施工平面图

（2）测量放线

依据业主提供的场地内控制坐标和高程系统，在工作面上测放出主要轴线控制桩桩位中心点（图7-3）。在锤击打桩前将桩位用控制桩打入桩位中心，保证有至少三条相交轴线对其位置检查，经施工、监理方及相关部门检查无误后方可打桩，桩身的垂直度可由机械自身机构控制。

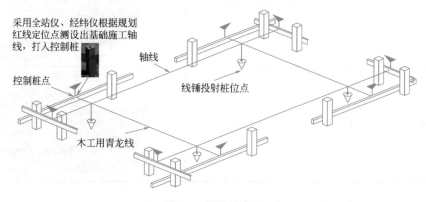

图 7-3　测设示意图

（3）挖基坑

根据基础及承台梁平面布置图及承台梁大样图确定开挖深度及平面位置，进行测量放线。再根据承台基坑深度、边坡坡度、基底几何尺寸在地面放出边线，撒好白灰。基坑采用挖掘机开挖，开挖顺序应从施工便道里侧向外侧开挖，在距基坑底设计高程预留20～30cm厚人工清底（图7-4）。

图 7-4　基坑

（4）锤击桩施工

预制管桩施工工艺流程（图7-5）。

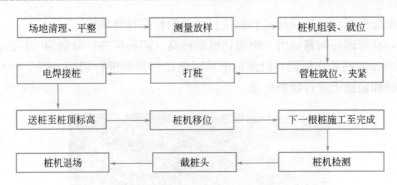

图 7-5　预制管桩施工工艺流程

外购管桩及原材料进场验收、桩尖焊接（图 7-6）。

图 7-6　十字形钢桩尖焊接

桩位控制：正式打桩前应对工程控制轴线和水准点复查一次，施工过程中也应经常复查。桩位应按施工图进行测设，桩位测设偏差应小于 20mm，测定时设置地桩，桩位测定后由业主、监理复核后签字确认。

预制桩分段打入，接桩对位后采用焊接法连接，并进行刷漆防锈处理（图 7-7～图 7-9）。

图 7-7　接桩对位　　　　　　图 7-8　焊接　　　　　　图 7-9　刷防锈漆

送桩深度应根据设计桩顶标高和桩位自然地面标高计算确定。

截桩头：在清理好的基坑内，距设计桩顶标高（两种标高，分别为−1.2m、−7.5m）以上为 10～20mm 高处作标记，沿此标记采用电动切割机进行切割（图 7-10）。切割完毕后，采用手锤和扁钻子进行断桩处理。

图 7-10　截桩头

凿桩头处理：在桩头表面，采用手锤和钻子将桩头剔凿至高于设计桩顶标高 10～20mm，注意在剔凿的过程中，应使钻子与桩头表面的夹角保持为 120°。其顶面应高于设计桩顶标高 10～20mm，桩头应保持平整，桩边保证无崩角。

通过桩基础相关实验确定其承载力和桩身完整性。

桩基静载测试（图 7-11）：单桩竖向抗压静载试验检测单桩竖向抗压极限承载力。

桩基动载测试：低应变反射波法检测桩身缺陷及其位置，判定桩身完整性类别。

桩基检验合格，满足设计要求方可进行基础施工。

图 7-11　单桩静载测试

二、垫层施工

垫层采用商品混凝土，强度等级为 C15，约 30m³，厚度为 100mm，采用泵送由一方向推进连续浇筑，坍落度为120±30mm。采用平板振捣器来回振捣密实，严禁漏振及用铁锹拍打。尽量避免碰撞模板，防止模板移位。收面前必须校核混凝土表面标高，不符合要求处立即整改。养护设专人检查落实，防止由于养护不及时，造成混凝土表面裂缝（图7-12）。

图7-12　垫层施工

三、基础弹线

根据控制轴线，采用经纬仪、卷尺，将控制轴线、边线弹在垫层上，保证有至少三条相交轴线对其位置检查，经施工、监理方及相关部门检查无误后方可进行钢筋绑扎及模板安装（图7-13）。

图7-13　弹出基础中线、边线

四、钢筋绑扎

承台钢筋集中加工，现场进行安装（图7-14、图7-15）。

钢筋加工时，按图纸要求在钢筋末端设置标准弯钩，根据《混凝土结构工程施工质量验收规范》GB 50204—2015的要求计算出每个弯钩增加长度。将承台底层钢筋网片与桩身钢筋连接牢固。

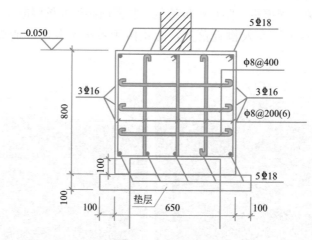

图 7-14　钢筋笼设计图

图 7-15　钢筋笼放置

五、模板安装

（1）模板安装方式

1）模板：模板采用胶合木模板，不满足模数要求或承台尺寸的，另做异型模板。

2）模板、背带：模板用 U 形卡或螺栓连接，背带采用 $\phi 48$ 以上钢管，$80mm \times 80mm$ 木方、用蝶形卡、对拉螺栓或其他连接件将背带与模板连接成整体，纵、横布置间距 $0.4 \sim 0.55m$。

3）外部支顶：根据模板到基坑壁的距离，选择钢管（$\geqslant \phi 50$ 钢管）长度。

4）模板底部支撑：在施工垫层时，在承台边线外 $0.3m$ 处预埋支顶钢筋，规格 $\phi 20$ 以上，埋入深度不小于 $50cm$，露出垫层顶面 $10cm$。模板支立时，在模板底部用木楔夹紧，可制作"楔子"在底部夹紧（图 7-16）。

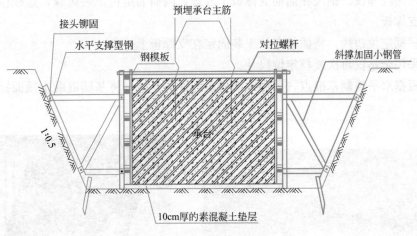

图 7-16　模板安装示意图

（2）质量要求

1）支立模板时重新测量放线，放线时除核对标高外，还应仔细核对政府部门给的参考坐标。

2）木模板根部打地钉固定，木模顶部使用限位木方支撑。

3）支模完成后在模板内侧做好基础标高记号，用于控制顶部标高（图 7-17）。

图 7-17　模板安装

六、安装插筋

插筋与剪力墙钢筋的固定方法（图 7-18、图 7-19）：

（1）根据剪力墙平面布置图及剪力墙钢筋构造图、基础插筋布置图详图，采用 3mm 厚钢板制作插筋定位工装。

（2）将插筋支撑板放置在基础承台模板上。

（3）采用经纬仪、钢尺在插筋支撑板上放线，画插筋定位工装边线，边线位置准确后固定插筋支撑板。

（4）根据定位边线，将插筋定位工装固定在支撑板上。

（5）采用全站仪再次复核定位尺寸。

（6）根据水平控制基准点，采用水准仪进行标高复核，将基础混凝土顶面标高标记至模板上。

图 7-18　插筋安装示意图

基础模板　插筋支撑板　插筋定位工装　定位线

图 7-19　插筋固定示意图

七、安装纵筋

钢筋在有防护的钢筋制作场地制作，现场绑扎成型。钢筋的根数、直径、长度、编号排列、位置等都要符合设计的要求，钢筋接头的位置和数量符合施工规范的要求。在钢筋上认真绑好高强水泥砂浆垫块，以确保钢筋的保护层厚度。

八、基础梁现浇

混凝土连续浇筑，每节基础混凝土一次浇筑完成。浇筑时在基础整个平截面内水平分层进行，浇筑层厚控制在 30cm 以内，用插入式振捣棒分层振实，保证混凝土密实。

混凝土浇筑期间设专人值班，观察模板的稳固情况，发现松动、变形、移位时，及时处理。混凝土收浆后立即覆盖养护（图 7-20）。

图 7-20　基础梁现浇

九、拆除模板和定位板

拆除模板时需注意清除水泥渣，将模板及配件分类摆放。

十、回填房心土及夯实

基础强度达到设计要求的强度后进行基础回填，基础采用开挖原土进行基坑回填（图 7-21），回填土对称、水平分层进行并采用多功能振动夯实机夯实（图 7-22）。

图 7-21　回填房心土　　　　　　　　　　　　　　图 7-22　夯实

十一、地面钢筋铺设（图 7-23）与混凝土现浇（图 7-24）

图 7-23　地面钢筋铺设　　　　　　　　　　　　　图 7-24　混凝土现浇

任务 2　预制构件安装

一、主体结构施工

1. 施工准备

（1）起吊设备选型和布置原则

1）吊车应尽量减少移动次数，覆盖整个施工区域，减少盲区；

2）吊车覆盖构件堆场、钢筋加工车间、木工加工车间、周转材料堆场等主要场地；

3）吊车最大起重量能满足施工要求。

2. 吊装任务

主要吊装任务：墙板、楼板、楼梯、楼梯梁等构件的吊装，以及钢筋、模板的吊运工作等。

3. 吊车选型和在现场的布置

根据吊车的基本性能参数和现场吊车布置情况，各层选用吊车型号如下：1～2 层 50t 吊车；3～5 层 75t 吊车；6 层 100t 吊车。

4. 施工现场的平面布置要求

（1）在吊车的工作范围内不得有障碍物，场内堆放地点明确，并标识。

（2）道路、场地应平整、坚实并有可靠的排水措施，PC 构件运输车停放区域满足设计荷载 70t 承载力的要求。

5. 构件运输及存放

（1）现场设置专用存放工装；预制叠合楼板、阳台板等应水平运输，采用低平板运输车运输。

（2）PC 构件运至现场由施工单位的 PC 板现场接收负责人安排统一调动，在指定区域进行有序存放，并对存放构件进行吊装编号，经专业监理工程师对 PC 板进行全面验收，合格后方可起吊安装。

二、主体施工总流程及串行并行施工流程

1. 单层主体工程施工流程

竖向构件吊装→现浇节点钢筋绑扎→竖向管线预埋→节点模板安装→水平构件吊装→楼面模板安装→管线预埋→楼面钢筋绑扎→现浇混凝土→混凝土养护→楼梯吊装→循环进入下一层施工。

2. 单层施工计划和串行并行施工流程（表 7-3）

串行与并行工程同时施工，吊装完成后，并行工程钢筋、模板、水电各相差一小时完成，确保吊装完成后 3h 时间内进行混凝土现浇施工。

项目单层施工计划　　　　　　　　　　　　　表 7-3

序号	工作项目	工作内容	人员	绝对工期	1d 上午	1d 下午	2d 上午	2d 下午	3d 上午	3d 下午	4d 上午	4d 下午
1	墙板吊装	72 块墙板、6 块 PCF 板的吊装	6 名吊装工	2d		1d		1d				
2	叠合楼板吊装	52 块叠合楼板、8 个楼梯梁吊装	6 名吊装工	1d				0.5d			0.5d	
3	钢筋绑扎	制作、绑扎	6 名钢筋工	0.5d							0.5d	
4	支模	制作、安装	8 名木工									
5	套筒灌浆	552 个套筒灌浆	2 名劳务工									
6	外架	安装	2 名架子工									

续表

序号	工作项目	工作内容	人员	绝对工期	1d 上午	1d 下午	2d 上午	2d 下午	3d 上午	3d 下午	4d 上午	4d 下午
7	水电处理与管线布置	安装	2名水电工									
8	混凝土现浇	检查、调整插筋、现浇	2名泥工	0.5d								0.5d
	汇总		28人	4d								

三、竖向构件吊装

准备 1：测量放线

工作内容：根据控制点，弹轴线、控制线，在楼板或地板上弹好墙板侧面位置线、端面位置线和门洞位置线等（图 7-25、图 7-26）。

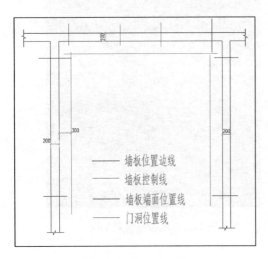

墙板位置边线
墙板控制线
墙板端面位置线
门洞位置线

图 7-25　弹线示意图

图 7-26　弹线效果图

方法：首层放线：根据外部控制点弹四周轴线，以四周轴线为基准依次弹出所有轴线，同时确定室内控制基准点，2 层以上楼层先通过基准点进行引测。

人员：2 人，工种：施工技术员 1 名、劳务人员 1 名。

工具：LDF-021 经纬仪、水准仪、墨斗、线、10m 卷尺、线锤。

材料：墨水、标记笔。

工作量：17 根轴线、72 块墙板。

工时：2h。

质量控制要点：轴线。

允许偏差（mm）：3。

检验方法：钢尺检查。

准备2：垫块找平

工作内容：水平标高测量、控制标高垫块放置

方法：采用水准仪，根据施工图纸、地面和墙板尺寸，放置垫块找平（图7-27、图7-28）。垫块高度不宜大于20mm。垫块应放置在内墙板、外墙板的结构受力层上。每块墙板放置2组垫块。

人员：3人，工种：施工技术员1名、劳务人员2名。

工具：水准仪、标尺、5m卷尺、铁铲子。

材料：（2mm、3mm、5mm、10mm）垫块、砂浆。

工作量：72块墙板，共144个点。

工时：2h。

质量控制要点：标高。

允许偏差（mm）：3。

检验方法：水准仪或拉线钢尺检查。

图7-27　垫块固定

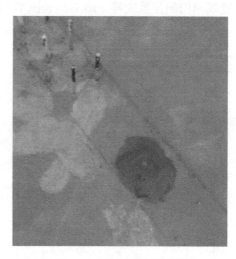
图7-28　墙板垫块效果图

准备3：插筋清理

工作内容：浇筑前采用插筋定位工装进行插筋校准，浇筑后进行插筋复检，并清理水泥浆及铁锈等，插筋位置应符合图纸要求（图7-29、图7-30）。

人员：2人，工种：劳务人员

工具：5m卷尺1把、插筋定位工装1件、钢刷1把、钢管1根（长800mm，内径18mm）

工作量：72块墙板、92处插筋。

工时：2h。

质量控制要点：中心线位置。

允许偏差（mm）：3。

质量控制要点：长度。

允许偏差（mm）：±5。

检验方法：尺量检测、专用定位工装整体检查。

图 7-29　插筋定位工装　　　　　　图 7-30　插筋清理

准备 4：安装橡塑棉条

工作内容：外墙吊装前安装橡塑棉条（图 7-31、图 7-32）。

方法：使用双面胶条将泡沫密封条安装在外墙外侧边线上，阻止灌浆、坐浆向外流出。

人员：1 人，工种：劳务人员 1 名。

工具：锤子、扫把。

材料：30mm 厚、30mm 宽橡塑棉条。

工作量：108m。

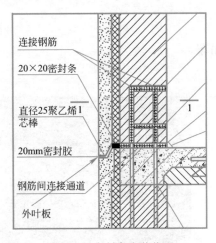

图中标注：
连接钢筋
20×20密封条
直径25聚乙烯芯棒
20mm密封胶
钢筋间连接通道
外叶板

图 7-31　密封条安装位置　　　　　　图 7-32　安装示意图

准备 5：墙板斜支撑准备

工作内容：准备墙板安装斜支撑。

方法：搬运墙板斜支撑，搬运至待施工层，按照斜支撑安装图要求，将斜支撑摆放至墙板支撑侧，每块墙板需要长短支撑各 2 件，将墙板长、短斜支撑在支撑侧摆放整齐（图 7-33）。

人员：2 人，工种：劳务人员。

工具：24 套筒棘轮扳手。

材料：斜支撑。

图 7-33　斜支撑摆放示意图

准备 6：准备坐浆料

工作内容：准备坐浆料。

方法：采用搅拌机搅拌砂浆，砂浆配合比（水泥：砂子＝1：2），坐浆材料的强度不应低于被连接构件的混凝土强度，且应满足下列要求：砂浆流动度（130～170mm），1d 抗压强度值 30MPa，严格按照规范要求，采用无收缩砂浆。按批检验，每层为一检验批，每工作班应制作一组且每层不少于 3 组边长为 70.7mm 的立方体试件，标准养护 28d 后进行抗压强度试验。

人员：1 人，工种：劳务人员 1 名。

工具：搅拌机（图 7-34）、料斗、铲子、吊车。

材料：水泥、砂子、水（图 7-35）。

图 7-34　搅拌机

图 7-35　砂浆

准备 7：坐浆

工作内容：坐浆施工

方法：在墙体边线以内位置坐浆，砂浆具有一定的稠度，为强度高于 30MPa 的无收缩砂浆，坐浆高度稍高于垫块高度，坐浆饱满（图 7-36）。

人员：1 人，工种：水泥工 1 名。

工具：灰桶、小抹子。

材料：无收缩水泥砂浆。

图 7-36　坐浆

四、吊装施工（以 1 块墙板为例）

工序 1：挂钩

方法：挂钩与安装引导绳：将平衡梁、吊索移至构件上方，两侧分别设 1 人挂钩，采用爬梯进行登高操作，将吊钩与墙体吊环连接，吊索与构件的水平夹角不宜小于 60°、不应小于 45°，在墙板下方两侧伸出箍筋的位置安装引导绳（图 7-37）。

图 7-37　挂钩

7-1　鸭嘴吊

167

人员：2 人，工种：吊装人员。

工具：钢丝绳、吊索、爬梯、卸扣、引导绳。

材料：墙板。

工作量：每块墙板 2 个吊点。

质量控制要点：卸扣必须拧紧，必须露出 2～3 圈螺纹、安装引导绳。

工序 2：起吊、移板

工作内容：墙板起吊、转移至施工位置。

方法：慢速将墙板调至离地面 20～30cm 处，在确认安全的情况下，将构件平稳转移至施工上空，吊装人员通过引导绳摆正构件位置，引导绳不能强行水平移动构件，只能控制旋转方向，平稳吊至安装位置上方 80～100cm 处（图 7-38、图 7-39）。

人员：2 人，工种：信号工 1 名、吊车司机 1 名。

工具：吊车。

图 7-38　起吊　　　　　　　　　　　　　　　　　图 7-39　移板

工序 3：就位

工作内容：墙板就位。

方法：等吊至安装平面上方 80～100cm 处，墙板两端施工人员扶住墙板（图 7-40），缓慢降低，将墙板与安装控制线（边线和端线）靠拢。

插筋插入灌浆套筒：离地 12～15cm 时，借用镜子观察，将灌浆套筒孔与地面伸出的钢筋对齐插入，确保墙板边线、端线与地面控制线对齐就位（图 7-41）。

外墙板就位后检查板与板拼缝是否为 20mm，板缝上下是否一致，对板与板之间接缝平整度校正。

人员：6 人，工种：吊车司机 1 名、信号工 1 名、吊装人员 4 名。

工具：镜子。

工序 4：安装斜支撑、调整墙板

工作内容：安装斜支撑、检查与墙板调整。

图 7-40　墙板吊装人工手扶缓降　　　　图 7-41　插筋插入灌浆套筒中

方法：墙板就位后，立即安装长、短斜支撑，并对墙板位置与垂直度进行调整与校核（图 7-42、图 7-43）。

墙板调整：墙板内斜撑杆以 1 根调整垂直度为准，待校准完毕后再紧固另一根，不可将两根均在紧固状态下进行调整。

校核：短斜支撑调整墙板位置，长斜支撑调整墙板垂直度，采用靠尺测量垂直度与相邻墙板的平整度（图 7-44），垂直度进行三次测量，满足规范精度要求（表 7-4）。

7-2　斜支撑调整

图 7-42　安装斜支撑　　　　　　图 7-43　调整墙板

人员：4 人，工种：吊装人员。

工具：靠尺、线锤、24 套筒棘轮扳手、电锤、爬梯、长短斜支撑。

质量控制要点　　　　　　　　　　　　　　　　表 7-4

	项目	允许偏差（mm）	检验方法
1	墙体中心线对轴线位置	5	尺量检查

续表

	项目	允许偏差(mm)	检验方法
2	墙体垂直度	3	2m靠尺、经纬仪或全站仪测量
3	相邻墙侧面平整度	3	1m水平尺、塞尺量测
4	墙体接缝宽度	±5	尺量检查

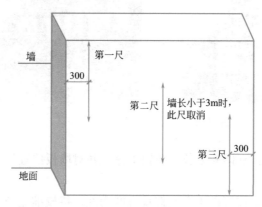

图 7-44　墙垂直度测量示意

工序 5：取钩、移位

工作内容：取钩、吊绳移位（图 7-45、图 7-46）。

方法：墙板最终调整固定后，通过爬梯登高取钩，同时将引导绳挂在吊钩上。

人员：2 人，工种：劳务人员。

工具：爬梯。

7-3　夹心保温外墙板吊装-斜支撑安装

图 7-45　释放吊钩、拆卸扣

图 7-46　吊钩与吊绳

7-4　预制内墙吊装就位

7-5　预制内墙安装-撬棍微调-斜支撑安装

小结：根据上述步骤，循环安装每一块墙板，6 人/组，外墙板吊装时间为 16min/块、内墙板吊装时间为 13min/块。

按照上述方法完成其他墙板安装。

任务3　钢筋套筒灌浆施工

一、准备灌浆用设备器具

灌浆用设备器具如下：灌浆挤压枪、电子秤、电动搅拌器、水桶、三联试模、流动性测量器、灰桶、水勺、美工刀、秒表、卷尺。

二、准备灌浆用材料

微膨胀灌浆料、饮用水、堵头。

三、制备灌浆料拌合物

（1）灌浆料配合比：干料和搅拌水用量比为1∶0.12（重量比），即50kg灌浆料（通常为25kg/包）加入6kg水。

（2）30min灌浆量：浆体随用随搅拌，搅拌完成的浆体必须在30min内用完，搅拌完成后，不得再次加水。

（3）水：拌合用水应采用饮用水，使用其他水源时应符合现行行业标准《混凝土用水标准》JGJ 63的规定。

（4）搅拌：搅拌器、灌浆泵（或注浆枪）就位后，将灌浆料倒入搅拌桶内，边搅拌边加水至80%水量，搅拌3～4min后再加所剩的20%水。搅拌约10min，搅拌均匀后，静置约2min排气消泡，然后注入灌浆泵（或灌浆枪）中进行灌浆作业（图7-47～图7-49）。

图7-47　称量拌合用水　　　　图7-48　加入灌浆料　　　　图7-49　搅拌制备拌合物

四、流动度检测

左手按住流动度测量模，用水勺舀0.5L调配好的灌浆料倒入模中，倒满模子为止，缓慢提起模子。本项目要求0.5min后测量灌浆料拌合物平摊后最大直径为280～320mm，为流动性合格；每工作班组进行一次测试（图7-50）。

灌浆料拌合物30min流动度、泌水率及3d、28d抗压强度、3h竖向膨胀率、24h与3h竖向膨胀率差值为灌浆料进场检验项目，初始流动度为施工过程检查项目，灌浆施工中按工作班检验28d抗压强度的要求。

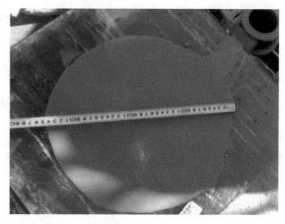

图 7-50　流动度检测

五、制作试块、灌浆套筒拉拔试验

制作试块：将调配好的灌浆料倒入三联试模中制作试块，与灌浆施工同条件养护；每层制作一组试块（图 7-51）。

图 7-51　三联试块制作

灌浆料抗压强度试验方法为：取 1 组 3 个 40mm×40mm×160mm 试件得到的 6 个抗压强度测定值的算术平均值为抗压强度试验结果；当 6 个测定值中有一个超出平均值的 10％时，应剔除这个结果，以剩下 5 个的算术平均值作为结果；当 5 个测定值中再有超过平均值的 10％时，结果作废。

灌浆套筒拉拔试验：

（1）PC 构件生产前：进行接头力学性能检验，按不超过 1000 个灌浆套筒为一批，每批随机抽取 3 个灌浆套筒制作对中连接接头试件，标准养护 28d，并进行抗拉强度检验。

（2）现场灌浆施工前：由专业施工人员，依据现场的条件进行接头力学性能检验，按不超过 1000 个灌浆套筒为一批，每批随机抽取 3 个灌浆套筒制作对中连接接头试件，标准养护 28d，并进行抗拉强度检验（图 7-52）。

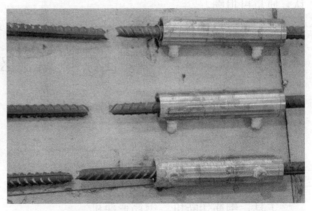

图 7-52　灌浆套筒拉拔试验

钢筋套筒灌浆连接接头的抗拉强度不应小于连接钢筋抗拉强度标准值，且破坏时应断于接头外钢筋；钢筋套筒灌浆连接接头的屈服强度不应小于连接钢筋屈服强度标准值；套筒灌浆连接接头单向拉伸、高应力反复拉压、大变形反复拉压试验加载过程中，当接头拉力达到连接钢筋抗拉强度标准值的 1.15 倍而未发生破坏时，应判为抗拉强度合格，可停止试验。

六、灌浆与堵孔

采用单孔灌浆时，浆料从灌浆孔注入、从出浆口溢出。套筒的出浆孔溢出灌浆料时应及时封堵（图 7-53），在 1～2s 内堵住出浆口，随即拔掉注浆枪，在 1s 内堵住灌浆孔。依次灌浆至 20min 内灌浆料使用完毕。

图 7-53　灌浆并堵孔

七、灌浆质量控制

（1）灌浆处进行编号：如按照某栋某层某户某间房墙板号进行编号。

（2）必须按灌浆料使用说明书进行灌浆料调配、按灌浆套筒技术交底资料进行灌浆作业。

（3）灌浆操作时应有监理旁站，操作过程进行拍照录像，做好灌浆记录，三方签字确

173

认，质量可追溯。

（4）及时填写套筒灌浆施工记录表、预留钢筋及灌浆现场检查记录。

任务4　现浇区施工

一、钢筋加工及校核

工作内容：箍筋、纵筋加工，允许偏差的校核（表7-5）。

方法：箍筋按图加工，纵筋按图下料。

人员：5人，工种：钢筋工。

工具：钢筋切断机、钢筋弯曲机。

工作量：一层/d的钢筋用量。

质量控制要点　　　　　　　　　　　　　　表7-5

项目	允许偏差（mm）	检验方法
受力钢筋顺长度方向全长的净尺寸	±5	检查：每个工作班同类型钢筋、同一加工设备抽查不应少于3件，观察、钢尺检查
弯起钢筋的弯折位置	±10	
箍筋内净尺寸	±5	

二、节点钢筋绑扎工艺流程

工作内容：钢筋绑扎与质量控制（表7-6，图7-54）

质量控制要点　　　　　　　　　　　　　　表7-6

项目			允许偏差（mm）	检验方法
绑扎钢筋网		长、宽	±10	钢尺检查
		网眼尺寸	±10	钢尺连续三档，取最大值
绑扎钢筋骨架		长	±10	钢尺检查
		宽、高	±5	钢尺检查
受力钢筋		间距	±10	钢尺量两端、中间各一点，取最大值
		排距	±5	
	保护层厚度	基础	±10	钢尺检查
		柱、梁	±5	钢尺检查
		板、墙	±3	钢尺检查
绑扎箍筋、横向钢筋间距			±10	钢尺量连续三档，取最大值
钢筋弯起点位置			10	钢尺检查
预埋件		中心线位置	5	钢尺检查
		水平高差	+3,0	钢尺和塞尺检查

方法：根据现浇节点钢筋图，将竖向纵筋从墙顶插入节点纵向钢筋，穿过相应的箍筋，并与箍筋初步固定。

174

图 7-54　现浇节点钢筋图

根据图纸要求从下至上放置箍筋，并保证每个箍筋间隔绑扎；从上至下插入纵筋，并绑扎固定。

人员：6 人，工种：钢筋工。

工具：扎钩、锤子、梯子。

材料：扎丝。

工作量：58 个纵向钢筋节点。

钢筋的规格、形状、尺寸、数量、间距、锚固长度、接头位置、保护层厚度必须符合设计要求和施工规范的规定，钢筋与模板间要设置足够的保护层厚度，本工程钢筋保护层采用砂浆垫块和塑料支架来保证（图 7-55）。

三、楼板钢筋准备工作

（1）检查半成品钢筋的型号、直径、形状、尺寸和数量是否与设计相符，如有错漏，应及时纠正。

（2）绑扎丝采用 22 号镀锌钢丝（250mm 长）。

（3）钢筋保护层垫块：梁底、板底采用水泥砂浆垫块。

（4）施工缝处理：按规范对墙柱施工缝进行防水处理。

（5）清理干净粘附在墙柱钢筋上的混凝土浮浆或其他污染物。

（6）标识轴线、墙柱外皮尺寸线、标高控制线。

（7）检查钢筋偏位情况，若有偏位调整到正确位置。

四、楼板钢筋施工

工艺流程：安放板底钢筋保护层垫块——架空安装楼面钢筋——安装板负筋（若为双

图 7-55　塑料支架和砂浆垫块的应用

层钢筋则为上层钢筋）并设置马镫——设置板厚度模块——自检、互检、交接检——报监理验收（图 7-56）。梁底钢筋保护层采用砂浆垫块，侧面采用塑料支架，质量控制满足规范要求。

图 7-56　楼板钢筋施工

五、后浇混凝土施工

装配式混凝土结构竖向构件安装完成后应及时穿插进行边缘构件后浇混凝土带的钢筋安装和模板施工，并完成后浇混凝土施工。

（1）预制墙板间边缘构件竖缝后浇混凝土带的模板安装。

墙板间后浇混凝土带连接宜采用工具式定型模板支撑，并应符合下列规定：定型模板应通过螺栓、预置内螺母或预留孔洞拉结的方式与预制构件可靠连接，定型模板安装应避免遮挡预制墙板下部灌浆预留孔洞，夹心墙板的外叶板应采用螺栓拉结或夹板等加强固定，墙板接缝部位及与定型模板连接处均应采取可靠的密封、防漏浆措施。采用预制保温外墙模板 PCF 进行免拆除支模时，预制外墙模板的尺寸参数及与相邻外墙板之间拼缝宽度应符合设计要求。安装时，与内侧模板或相邻构件应连接牢固并采取可靠的密封、防漏浆措施。

（2）按规定进行现场混凝土浇筑并进行有效养护。

（3）预制墙板斜支撑和限位装置，应在连接节点和连接接缝部位后浇混凝土或灌浆料强度达到设计要求后方可拆除。

（4）混凝土冬期施工应按现行标准《混凝土结构工程施工规范》GB 50666、《建筑工程冬期施工规程》JGJ/T 104 的相关规定执行。

任务5　质量控制与现场管理

一、质量控制的概念

建设工程质量简称工程质量，是指建设工程满足相关标准规定和合同约定要求的程度，包括其在安全、使用功能及耐久性能、节能与环境保护等方面所有明示和隐含的固有特性。建设工程质量控制是指在实现工程建设项目目标的过程中，为满足项目总体质量要求而采用的生产施工与监督管理等活动。质量控制不仅关系工程的成败、进度的快慢、投资的多少，而且直接关系国家财产和人民生命安全。因此，装配式混凝土建筑必须严格保证工程质量控制水平，确保工程质量安全。与传统的现浇结构工程相比，装配式混凝土结构工程在质量控制方面具有以下特点：

（1）质量管理工作前置。

由于装配式混凝土建筑的主要结构构件在工厂内加工制作，装配式混凝土建筑的质量管理工作从工程现场前置到了预制构件厂。建设单位、构件生产单位、监理单位应根据构件生产质量要求，在预制构件生产阶段即对生产质量进行控制。

（2）设计更加精细化。

对于设计单位而言，为降低工程造价，预制构件的规格、型号尽可能少；由于采用工厂预制、现场拼装以及水电管线等提前预埋的方案，对施工图的精细化要求更高。因此，相对于传统的现浇结构工程，设计质量对装配式混凝土建筑工程的整体质量影响更大。设计人员需要进行更精细的设计，才能保证生产和安装的准确性。

（3）构件质量更易于保证。

由于采用精细化设计、工厂化生产和现场机械拼装，构件的观感、尺寸偏差都比现浇结构更易于控制，强度稳定，避免了现浇结构质量通病的出现。因此，装配式混凝土建筑构件的质量更易于控制和保证。

（4）信息化技术应用。

随着互联网技术的不断发展，数字化管理已成为装配式混凝土建筑质量管理的一项重要手段。尤其是 BIM 技术的应用，使质量管理过程更加透明、细致、可追溯。

二、装配式混凝土工程质量控制依据

质量控制的主体包括建设单位、设计单位、项目管理单位、监理单位、构件生产单位、施工单位，以及其他材料的生产单位等。在质量控制方面，不同的单位根据自己的管理职责，依据不同的法规与文件进行质量控制，主要分为以下几类：

（1）工程合同文件

建设单位与设计单位签订的设计合同、与施工单位签订的安装施工合同、与生产厂家签订的构件采购合同都是装配式混凝土建筑工程质量控制的重要依据。

（2）工程勘察设计文件

工程勘察包括工程测量、工程地质和水文地质勘察等内容。工程勘察成果文件为工程项目选址、工程设计和施工提供科学可靠的依据。工程设计文件包括经过批准的设计图纸、技术说明、图纸会审、工程设计变更以及设计洽商、设计处理意见等。

（3）有关质量管理方面的法律法规、部门规章

法律：《中华人民共和国建筑法》《中华人民共和国招标投标法》《中华人民共和国节约能源法》《中华人民共和国消防法》等。

行政法规：《建设工程质量管理条例》《建设工程安全生产管理条例》《民用建筑节能条例》等。

部门规章：《建筑工程施工许可管理办法》《实施工程建设强制性标准监督规定》等。

（4）质量标准与技术规范（规程）

近几年装配式混凝土建筑兴起，国家及地方针对装配式混凝土建筑工程制定了大量的标准。这些标准是装配式混凝土建筑质量控制的重要依据。我国质量标准分为国家标准、行业标准、地方标准和企业标准，国家标准的法律效力高于行业标准、地方标准和企业标准。我国《装配式混凝土建筑技术标准》GB/T 51231—2016 为国家标准，《装配式混凝土结构技术规程》JGJ 1—2014 为行业标准。因此，以上两个标准矛盾之处，本书以《装配式混凝土建筑技术标准》GB/T 51231—2016 为准。

此外，适用于混凝土结构工程的各类标准、规范性文件，如《建筑工程施工质量验收统一标准》GB 50300、《混凝土结构工程施工质量验收规范》GB 50204 等，也同样适用于装配式混凝土建筑工程。

三、装配式混凝土工程质量影响因素

影响装配式混凝土结构工程质量的因素很多，归纳起来主要有五个方面，即人、材料、机械、方法和环境。

（1）人员素质

人是生产经营活动的主体，也是工程项目建设的决策者、管理者、操作者，工程建设的全过程都是由人来完成的。

人员素质将直接或间接决定着工程质量的好坏。装配式混凝土建筑工程由于机械化水平高、批量生产、安装精度高等特点，对人员的素质尤其是生产加工和现场施工人员的文化水平、技术水平及组织管理能力都有更高的要求。传统工人已不能满足装配式混凝土建

筑工程的建设需要，因此，培养高素质的产业化工人是确保建筑产业现代化向前发展的必然。

（2）工程材料

工程材料是指构成工程实体的各类建筑材料、构配件、半成品等，是工程建设的物质条件，是工程质量的基础。

装配式混凝土建筑是由预制混凝土构件或部件通过各种可靠的方式连接，并与现场后浇混凝土形成整体的混凝土结构。因此，与传统的现浇结构相比，预制构件、灌浆料及连接套筒的质量是装配式混凝土建筑质量控制的关键。预制构件混凝土强度、钢筋设置、规格尺寸是否符合设计要求、力学性能是否合格、运输保管是否得当、灌浆料和连接套筒的质量是否合格等，都将直接影响工程的使用功能、结构安全、使用安全乃至外表及观感等。

（3）机械设备

装配式混凝土建筑采用的机械设备可分为三类：第一类是指工厂内生产预制构件的工艺设备和各类机具，如各类模具、模台、布料机、蒸养室等，简称生产机具设备；第二类是指施工过程中使用的各类机具设备，包括大型垂直与横向运输设备、各类操作工具、各种施工安全设施，简称施工机具设备；第三类是指生产和施工中都会用到的各类测量仪器和计量器具等，简称测量设备。不论是生产机具设备、施工机具设备还是测量设备都对装配式混凝土结构工程的质量有着非常重要的影响。

（4）作业方法

作业方法是指施工工艺、操作方法、施工方案等。在混凝土结构构件加工时，为了保证构件的质量，或受客观条件制约，需要采用特定的加工工艺，不适合的加工工艺可能会造成构件质量的缺陷、生产成本增加或工期拖延等；现场安装过程中，吊装顺序、吊装方法的选择都会直接影响安装的质量。装配式混凝土结构的构件主要通过节点连接，因此，节点连接部位的施工工艺是装配式结构的核心工艺，对结构安全起决定性影响。采用新技术、新工艺、新方法，不断提高工艺技术水平，是保证工程质量稳定提高的重要因素。

（5）环境条件

环境条件是指对工程质量特性起重要作用的环境因素，包括自然环境，如工程地质、水文、气象等；作业环境，如施工作业面大小、防护设施、通风照明和通信条件等；工程管理环境，主要是指工程实施的合同环境与管理关系的确定，组织体制及管理制度等；周边环境，如工程邻近的地下管线、建（构）筑物等。环境条件往往对工程质量产生特定的影响。

四、预制构件制作与安装的质量控制

生产过程的质量控制是预制构件质量控制的关键环节，需要做好生产过程各个工序的质量控制、隐蔽工程验收、质量评定和质量缺陷的处理等工作。预制构件生产企业应配备满足工作需求的质量员，质量员应具备相应的工作能力并经水平检测合格。

在预制构件生产之前，应对各工序进行技术交底，上道工序未经检查验收合格，不得进行下道工序。混凝土浇筑前，应对模具组装、钢筋及网片安装、预留及预埋件布置等内容进行检查验收。工序检查由各工序班组自行检查，检查数量为全数检查，应做好相应的检查记录。

（1）模具组装的质量检查

预制构件生产应根据生产工艺、产品类型等制定模具方案，应建立健全模具验收、使用制度。

模具应具有足够的强度、刚度和整体稳固性，并应符合下列规定：

1）模具应装拆方便，并应满足预制构件质量、生产工艺和周转次数等要求；

2）结构造型复杂、外形有特殊要求的模具应制作样板，经检验合格后方可批量生产；

3）模具各部件之间应连接牢固，接缝应紧密，附带的埋件或工装应定位准确，安装牢固；

4）用作底模的台座、胎模、地坪及铺设的底板等应平整光洁，不得有下沉、裂缝、起砂和起鼓；

5）模具应保持清洁，涂刷脱模剂、表面缓凝剂时应均匀、无漏刷、无堆积，且不得污染钢筋，不得影响预制构件外观效果；

6）应定期检查侧模、预埋件和预留孔洞定位措施的有效性；应采取防止模具变形和锈蚀的措施；重新启用的模具应检验合格后方可使用；

7）模具与平模台间的螺栓、定位销、磁盒等固定方式应可靠，防止混凝土振捣成型时造成模具偏移和漏浆。

模具组装前，首先需根据构件制作图核对模板的尺寸是否满足设计要求，然后对模板几何尺寸进行检查，包括模板与混凝土接触面的平整度、板面弯曲、拼装接缝等，再次对模具的观感进行检查，接触面不应有划痕、锈渍和氧化层脱落等现象。预制构件模具尺寸偏差和检验方法应符合相关规定。

（2）钢筋成品、钢筋桁架的质量检查

钢筋宜采用自动化机械设备加工。条件允许时应尽量采用自动化机械设备进行钢筋加工与制作，可减少钢筋损耗，且有利于质量控制。

钢筋连接除应符合现行国家标准《混凝土结构工程施工规范》GB 50666 的有关规定外，尚应符合下列规定：

1）钢筋接头的方式、位置、同一截面受力钢筋的接头百分率、钢筋的搭接长度及锚固长度等应符合设计要求或国家现行有关标准的规定；

2）钢筋焊接接头、机械连接接头和套筒灌浆连接接头均应进行工艺检验，试验结果合格后方可进行预制构件生产；

3）螺纹接头和半灌浆套筒连接接头应使用专用扭力扳手拧紧至规定扭力值；

4）钢筋焊接接头和机械连接接头应全数检查外观质量；

5）焊接接头、钢筋机械连接接头、钢筋套筒灌浆连接接头力学性能应符合现行相关标准的规定。

钢筋半成品、钢筋网片、钢筋骨架和钢筋桁架应检查合格后方可进行安装，并应符合下列规定：

1）钢筋表面不得有油污，不应严重锈蚀。

2）钢筋网片和钢筋骨架宜采用专用吊架进行吊运。

3）混凝土保护层厚度应满足设计要求。保护层垫块宜与钢筋骨架或网片绑扎牢固，按梅花状布置，间距满足钢筋限位及控制变形要求，钢筋绑扎丝甩扣应弯向构件内侧。钢筋成品、钢筋桁架和预埋件加工的尺寸允许偏差满足相关规定。

（3）隐蔽工程验收

在混凝土浇筑之前，应对每块预制构件进行隐蔽工程验收，确保其符合设计要求和规范规定。企业的质检员和质量负责人负责隐蔽工程验收，验收内容包括原材料抽样检验和钢筋、模具、预埋件、保温板及外装饰面等工序安装质量的检验。原材料的抽样检验按照前述要求进行，钢筋、模具、预埋件、保温板及外装饰面等各安装工序的质量检验按照前述要求进行。

隐蔽工程验收的范围为全数检查，验收完成应形成相应的隐蔽工程验收记录，并保留存档。

五、安全管理措施

（1）建立安全管理体系

工程施工过程中，现场建立以项目经理为首的项目部安全生产管理小组，以及由公司至项目经理部、各职能部门至各专业班组的安全施工责任保证体系。

（2）安全教育培训

根据工程的具体情况，做好对吊装工、架子工、焊工、电工等特种作业人员的安全培训、考核及发证工作。

（3）安全会议

项目部以及施工班组每日均召开一次例会，另每月进行一次总结会议。

（4）安全检查

定期检查，项目部经理部每月组织一次现场安全、卫生、生活大检查。并在会上通报检查情况，提出存在的问题，落实整改措施、整改时间和责任人。

日常检查，安全负责人、专职（或兼职）安全员每日现场巡视，检查现场安全设施状况、安全护具的使用情况，发现问题及时发出整改通知并督促整改，直至满足安全要求。

班前检查，坚持每天的班前、班中、班后检查及交接检查。

（5）落实安全保证措施

工程现场成立以项目经理为组长的安全领导小组，负责日常安全检查工作，并制定具体的安全措施如下：

1）认真贯彻执行安全生产规章制度，建立安全生产管理网络，落实安全生产岗位责任制。

2）在生产过程中必须坚持"安全第一，预防为主"的安全生产方针，认真做好生产中安全防护工作，清除一切不安全的隐患，确保施工正常进行。

3）项目管理人员与公司签订安全责任文件。

4）定期组织工人学习安全技术操作规程，不断提高工人的安全意识和自我保护能力，在施工过程中要严格执行安全生产规章制度，正确使用安全防护设施和劳动保护用品。

5）加强现场安全防护设施的建设，如安全通道，在场内醒目位置设安全标语、标牌，提高职工的安全防范意识。施工时，应在现场设警示牌，严禁无关人员进入现场，并应随结构层每层张设安全平、立网，防止杂物坠落。

六、生产制度管理

（1）设计交底与会审

预制构件生产前，应由建设单位组织设计、生产、施工单位进行设计文件交底和会审。当原设计文件深度不够，不足以指导生产时，需要生产单位或专业公司另行设计加工详图。如加工详图与设计文件意图不同时，应经原设计单位认可。加工详图包括：预制构件模具图、配筋图；满足建筑、结构和机电设备等专业要求和构件制作、运输、安装等环节要求的预埋件布置图；面砖或石材的排板图，夹芯保温外墙板内外叶墙拉结件布置图和保温板排板图等。

（2）生产方案

预制构件生产前应编制生产方案，生产方案宜包括生产计划及生产工艺、模具方案及计划、技术质量控制措施、成品存放、运输和保护方案等。必要时，应对预制构件脱模、吊运、码放、翻转及运输等工况进行计算。预制构件和部品生产中采用新技术、新工艺、新材料、新设备时，生产单位应制定专门的生产方案；必要时进行样品试制作，经检验合格后方可实施。

（3）首件验收制度

预制构件生产宜建立首件验收制度。首件验收制度是指结构较复杂的预制构件或新型构件首次生产或间隔较长时间重新生产时，生产单位需会同建设单位、设计单位、施工单位、监理单位共同进行首件验收，重点检查模具、构件、预埋件、混凝土浇筑成型中存在的问题，确认该批预制构件生产工艺是否合理，质量能否得到保障，共同验收合格之后方可批量生产。

（4）原材料检验

预制构件的原材料质量、钢筋加工和连接的力学性能、混凝土强度、构件结构性能、装饰材料、保温材料及拉结件的质量等均应根据国家现行有关标准进行检查和实验，并应具有生产操作规程和质量检验记录。

（5）构件检验

预制构件生产的质量检验应按模具、钢筋、混凝土、预应力、预制构件等检验项目进行。预制构件的质量评定应根据钢筋、混凝土、预应力、预制构件的试验、检验资料等项目进行。当上述各检验项目的质量均合格时，方可评定为合格产品。检验时对新制或改制后的模具应按件检验，对重复使用的定型模具、钢筋半成品和成品应分批随机抽样检验，对混凝土性能应按批检验。模具、钢筋、混凝土、预制构件制作、预应力施工等质量，均应在生产班组自检、互检和交接检的基础上，由专职检验员进行检验。

（6）构件表面标识

预制构件和部品经检查合格后，宜设置表面标识。预制构件的表面标识宜包括构件编号、制作日期、合格状态、生产单位等信息。

（7）质量证明文件

预制构件和部品出厂时，应出具质量证明文件。目前，有些地方的预制构件生产实行了监理驻厂监造制度，应根据各地方技术发展水平细化预制构件生产全过程监测制度，驻厂监理应在出厂质量证明文件上签字。

七、预制构件成品的出厂质量检验

预制混凝土构件成品出厂质量检验是预制混凝土构件质量控制过程中最后的环节，也是关键环节。预制混凝土构件出厂前应对其成品质量进行检查验收，合格后方可出厂。

预制构件的资料应与产品生产同步形成、收集和整理，归档资料宜包括以下内容：

（1）预制混凝土构件加工合同；

（2）预制混凝土构件加工图纸、设计文件、设计洽商、变更或交底文件；

（3）生产方案和质量计划等文件；

（4）原材料质量证明文件、复试试验记录和试验报告；

（5）混凝土试配资料；

（6）混凝土配合比通知单；

（7）混凝土开盘鉴定；

（8）混凝土强度报告；

（9）钢筋检验资料、钢筋接头的试验报告；

（10）模具检验资料；

（11）预应力施工记录；

（12）混凝土浇筑记录；

（13）混凝土养护记录；

（14）构件检验记录；

（15）构件性能检测报告；

（16）构件出厂合格证；

（17）质量事故分析和处理资料；

（18）其他与预制混凝土构件生产和质量有关的重要文件资料。

预制构件交付的产品质量证明文件应包括以下内容：

（1）出厂合格证；

（2）混凝土强度检验报告；

（3）钢筋套筒等其他构件钢筋连接类型的工艺检验报告；

（4）合同要求的其他质量证明文件。

八、施工制度管理

（1）工装系统

装配式混凝土建筑施工宜采用工具化、标准化的工装系统。工装系统是指装配式混凝土建筑吊装、安装过程中所用的工具化、标准化吊具、支撑架体等产品，包括标准化堆放架、模数化通用吊梁、框式吊梁、起吊装置、吊钩吊具、预制墙板斜支撑、叠合板独立支撑、支撑体系、模架体系、外围护体系、系列操作工具等产品。工装系统的定型产品及施工操作均应符合国家现行有关标准及产品应用技术手册的有关规定，在使用前应进行必要的施工验算。

（2）信息化模拟

装配式混凝土建筑施工宜采用建筑信息模型技术对施工全过程及关键工艺进行信息化模拟。施工安装宜采用 BIM 组织施工方案，用 BIM 模型指导和模拟施工，制定合理的施工工序并精确算量，从而提高施工管理水平和施工效率，减少浪费。

（3）预制构件试安装

装配式混凝土建筑施工前，宜选择有代表性的单元进行预制构件试安装，并应根据试安装结果及时调整施工工艺、完善施工方案。为避免由于设计或施工缺乏经验造成工程实施障碍或损失，保证装配式混凝土结构施工质量，在不断摸索中积累经验，应通过试生产和试安装进行验证性试验。装配式混凝土结构施工前的试安装，对于没有经验的承包商非常必要，不但可以验证设计和施工方案存在的缺陷，还可以培训人员、调试设备、完善方案。另一方面，对于没有实践经验的新结构体系，应在施工前进行典型单元的安装试验，验证并完善方案实施的可行性，这对于体系的定型和推广使用，是十分重要的。

（4）"四新"推广要求

装配式混凝土建筑施工中采用的新技术、新工艺、新材料、新设备，应按有关规定进行评审、备案。施工前，应对新的或首次采用的施工工艺进行评价，并应制定专门的施工方案。施工方案经监理单位审核批准后实施。

（5）安全措施的落实

装配式混凝土建筑施工过程中应采取安全措施，并应符合国家现行有关标准的规定。装配式混凝土建筑施工中，应建立健全安全管理保障体系和管理制度，对危险性较大分部分项工程应经专家论证通过后施工。应结合装配施工特点，针对构件吊装、安装施工的安全要求，制定系列安全专项方案。

（6）人员培训

施工单位应根据装配式混凝土建筑工程特点配置组织的机构和人员。施工作业人员应具备岗位需要的基础知识和技能。施工企业应对管理人员及作业人员进行专项培训，严禁未培训上岗及培训不合格者上岗；要建立完善的内部教育和考核制度，通过定期考核和劳动竞赛等形式提高职工素质。对于长期从事装配式混凝土建筑施工的企业，应逐步建立专业化的施工队伍。

（7）施工组织设计

装配式混凝土建筑应结合设计、生产、装配一体化的原则整体策划，协同建筑、结构、机电、装饰装修等专业要求，制定施工组织设计。施工组织设计应体现管理组织方式吻合装配工法的特点，以发挥装配技术优势为原则。

（8）专项施工方案

装配式混凝土结构施工应制定专项方案。装配式混凝土结构施工方案应全面系统，且应结合装配式建筑特点和一体化建造的具体要求，满足资源节省、人工减少、质量提高、工期缩短的原则。专项施工方案宜包括以下内容：

1）工程概况。应包括工程名称、地址；建筑规模和施工范围；建设单位、设计单位、施工单位、监理单位信息；质量和安全目标。

2）编制依据。指导安装所必需的施工图（包括构件拆分图和构件布置图）、相关的国家标准、行业标准、地方标准及强制性条文与企业标准。

工程设计结构及建筑特点：结构安全等级、抗震等级、水文地质、地基与基础结构以及消防、保温等要求。同时，要重点说明装配式结构的体系形式和工艺特点，对工程难点和关键部位要有清晰的预判。

工程环境特征，如场地供水、供电、排水情况；详细说明与装配式结构紧密相关的气候条件，如雨、雪、风特点；对构件运输影响较大的道路桥梁情况。

3）进度计划。进度计划应协同构件生产计划和运输计划等。

4）施工场地布置。施工场地布置包括场内循环通道、吊装设备布设、构件码放场地等。

5）预制构件运输与存放。预制构件运输方案包括车辆型号及数量、运输路线、发货安排、现场装卸方法等。

6）安装与连接施工。安装与连接施工包括测量方法、吊装顺序和方法、构件安装方法、节点施工方法、防水施工方法、后浇混凝土施工方法、全过程的成品保护及修补措施等。

7）绿色施工。绿色施工包括满足绿色环保要求的材料选择与技术方案。

8）安全管理。安全管理包括吊装安全措施、专项施工安全措施等。

9）质量管理。质量管理包括构件安装的专项施工质量管理，渗漏、裂缝等质量缺陷防治措施。

10）信息化管理。

11）应急预案。

（9）图纸会审

图纸会审是指工程各参建单位（建设单位、监理单位、施工单位、各种设备厂家）在收到设计院施工图设计文件后，对图纸进行全面细致的审核，审查出施工图中存在的问题及不合理情况并提交设计院进行处理的一项重要活动。

对于装配式混凝土建筑的图纸会审应重点关注以下几个方面：

1）装配式结构体系的选择和创新应通过专家论证，深化设计图应该符合专家论证的结论。

2）对于装配式结构与常规结构的转换层，其固定墙部分需与预制墙板灌浆套筒对接的预埋钢筋的长度和位置相符。

3）墙板间边缘构件竖缝主筋的连接和箍筋的封闭，后浇混凝土位置的粗糙面和键槽满足要求。

4）预制墙板之间上部叠合梁对接节点部位的钢筋（包括锚固板）搭接是否存在矛盾。

5）外挂墙板的外挂节点做法、板缝防水和封闭做法正确合理。

6）水、电线管盒的预埋、预留，预制墙板内预埋管线与现浇楼板的预埋管线的衔接。

（10）技术、安全交底

技术交底的内容包括图纸交底、施工组织设计交底、设计变更交底、分项工程技术交底。技术交底采用三级制，即项目技术负责人→施工员→班组长。项目技术负责人向施工员进行交底，要求细致、齐全，并应结合具体操作部位、关键部位的质量要求、操作要点及安全注意事项等进行交底。

施工员接受交底后，应反复、细致地向操作班组进行交底，除口头和文字交底外，必要时应进行图表、样板、示范操作等方法的交底。班组长在接受交底后，应组织工人进行认真讨论，保证其明确施工意图。

对于现场施工人员要坚持每日班前会制度，与此同时进行安全教育和安全交底，做到安全教育天天讲，安全意识念念不忘。

（11）测量放线

安装施工前，应进行测量放线、设置构件安装定位标识。根据安装连接的精细化要求，控制合理误差。安装定位标识方案应按照一定顺序进行编制，标识点应清晰明确，定位顺序应便于查询标识。

（12）吊装设备复核

安装施工前，应复核吊装设备的吊装能力，确保吊装设备及吊具处于安全操作状态，并核实现场环境、天气、道路状况等满足吊装施工要求。

（13）核对已完结构和预制构件

安装施工前，应核对已施工完成结构、基础的外观质量和尺寸偏差，确认混凝土强度和预留预埋符合设计要求，并核对预制构件的混凝土强度及预制构件和配件的型号、规格、数量等符合设计要求。

【课后习题】

7-6 课后习题答案

一、填空题

1. 影响装配式混凝土结构工程质量的因素主要有：_____；_____；_____；_____；_____。

2. 预制构件生产宜建立首件验收制度，是指结构较复杂的预制构件或新型构件_____或_____时，生产单位需会同_____、_____、_____、_____共同进行首件验收，重点检查_____、_____、_____、_____中存在的问题，确认该批预制构件生产工艺是否合理，质量能否得到保障，共同验收合格之后方可批量生产。

二、选择题

1. 灌浆料抗压强度试验中，试件尺寸为（　　）。

A. 40mm×40mm×160mm　　　　　　B. 100mm×100mm×200mm

C. 70.1mm×70.1mm×70.1mm　　　　D. 150mm×150mm×150mm

2. 关于钢筋套筒灌浆连接接头性能，以下说法错误的是（　　）。

A. 连接接头应能满足单向拉伸、高应力反复拉压、大变形反复拉压的检验项目要求

B. 连接接头的抗拉强度不应小于连接钢筋抗拉强度标准值，且破坏时应断于接头外钢筋

C. 连接接头的屈服强度不应小于连接钢筋屈服强度标准值

D. 当接头发生破坏时拉力为连接钢筋抗拉强度标准值的 1.05 倍，应判为抗拉强度合格

三、问答题

1. 预制管桩施工工艺流程是什么？

2. 起吊设备选型和布置原则有哪些？

3. 单层主体工程施工流程是什么？

4. 装配式混凝土结构工程在质量控制方面有哪些特点？

5. 装配式混凝土建筑的图纸会审应重点关注哪些方面？

Chapter 08

单元 **8**

装配式混凝土结构安全施工
与绿色施工

知识目标

掌握装配式混凝土结构安全施工和绿色施工的基本要求。

能力目标

能够对装配式混凝土结构安全文明施工进行方案编制。

素质目标

具有高站位的前瞻思维，会根据现行绿色、安全、文明施工的要求进行施工管理，在实际工作中找到缺陷与不足，推动规章制度或规范的进一步完善。

任务介绍

某项目为位于某市经济技术开发区的综合办公楼，占地面积 22000m²，建筑面积 19860m²；建筑高度为 23.02m，主体结构为地上 8 层、地下 2 层，室内外高差 0.45m，结构形式主要采用装配式混凝土框架结构，抗震设防烈度 8 度，基本风压为 0.55kN/m²，场地粗糙度为 C 类，装配率 85.8%，可评价为 AAA 级装配式建筑。该项目采用装配化施工方式，需吊装安装的构件有：叠合板、叠合梁、预制楼梯、叠合式墙板等。其中，叠合式墙板主要由双层预制板与结构钢筋组成。使用到的吊装工具主要包括吊运钢梁、接驳器、索具等。

任务分析

根据项目情况，分析装配式混凝土结构施工技术要求，在安全施工、文明施工、绿色施工等方面，根据不同的构件设置不同的安全吊装措施，思考如何进一步推进装配式混凝土结构施工技术的绿色、环保、节能、快捷等优良性能。

任务 1　安全施工与绿色施工基本原则

安全文明施工是现场整洁、卫生、有序、科学的施工组织，规范、标准、合理的施工活动，主要解决安全、卫生的问题；绿色施工是在环保的基础上，通过合理的安排和布置，尽可能地降低资源的消耗，达到节约资源和环境保护的目的，主要解决环保、节能问题。

装配式混凝土建筑施工应执行国家、地方、行业和企业的安全生产法规和规章制度，落实各级各类人员的安全生产责任制。施工单位应根据工程施工特点对重大危险源进行辨识、分析并予以公示，提出应对处理措施，制定相对应的安全生产应急预案，并根据应急预案进行演练。

施工单位应对从事预制构件吊装作业的相关人员进行安全培训与交底，识别预制构件进场、卸车、存放、吊装、就位各环节的作业风险，并制定防控措施。

安装作业开始前，应对安装作业区进行围护并做出明显的标识，拉警戒线，根据危险源级别安排旁站，严禁与安装作业无关的人员进入。构件吊运时，吊机回转半径范围内，为非作业人员禁止入内区域，以防坠物伤人。

施工作业使用的专用吊具、吊索、定型工具式支撑、支架等，应进行安全验算，使用中进行定期、不定期检查，确保其安全状态。装配式构件或体系选用的支撑应经计算符合受力要求，架身组合后，经验收、挂牌后使用。

吊装作业安全应符合的规定主要有：

1) 预制构件起吊后，应先将预制构件提升 300mm 左右，停稳构件，检查钢丝绳、吊具和预制构件状态，确认吊具安全且构件平稳后，方可缓慢提升构件；

2) 吊机吊装区域内，非作业人员严禁进入；吊运预制构件时，构件下方严禁站人，应待预制构件降落至距地面 1m 以内方准作业人员靠近，就位固定后方可脱钩；

3) 高空应通过缆风绳改变预制构件方向，严禁高空直接用手扶预制构件；

4) 遇到雨、雪、雾天气，或者风力大于 5 级时，不得进行吊装作业。

夹芯保温外墙板后浇混凝土连接节点区域的钢筋连接施工时，不得采用焊接连接。钢筋焊接作业时产生的火花极易引燃或损坏夹芯保温外墙板中的保温层。

根据环境噪声污染防治法的要求：在城市市区范围内，生活环境排放建筑施工噪声以及在预制构件安装施工期间产生的噪声，都应控制在现行国家标准《建筑施工场界环境噪声排放标准》GB 12523 规定值以内（表 8-1）。

建筑施工场界环境噪声排放限值（单位：dB）　　　　表 8-1

昼间	夜间
70	55

夜间噪声最大声级超过限值的幅度不得高于 15dB。

当场界距噪声敏感建筑物较近，其室外不满足测量条件时，可在噪声敏感建筑物室内测量，并将上表中相应的限值减 10dB 作为评价依据。

施工现场应加强对废水、污水的管理，现场应设置污水池和排水沟。废水、废弃涂料、胶料应统一处理，严禁未经处理直接排入下水管道。严禁施工现场产生的废水、污水不经处理排放，影响正常生产、生活以及生态系统平衡的现象。

夜间施工时，应防止光污染对周边居民的影响。预制构件安装过程中常见的光污染主要是可见光、夜间现场照明灯光、汽车前照灯光、电焊产生的强光等。可见光的亮度过高或过低，对比过强或过弱时，都有损人体健康。

预制构件运输过程中，应保持车辆整洁，防止对场内道路的污染，并减少扬尘。

任务 2　施工重大危险源辨识与监控

建设工程施工现场是事故多发区，建设工程施工是高危行业之一。随着工程建设规模的不断增大及大型公共建筑工程的外观形式和结构体系日趋复杂，技术风险日益突出，工程一旦发生事故，不但危及作业者、工程本身，也将对周边建筑物、构筑物、管网、环境带来严重影响。因此构筑建设工程施工重大危险源辨识与监控体系十分重要，也十分紧迫。

安全生产应贯彻"安全第一、预防为主、综合治理"的方针，建立建设工程施工重大危险源辨识与评价、监控、应急救援机制，强化对建设工程施工重大危险源的监控与防治，提高施工现场安全技术管理水平，达到防灾、减损、保障施工安全、保护人民群众生命和财产安全的目的。

（1）施工重大危险源是指因工程施工过程中存在可能导致死亡及伤害、财产损失、环境破坏和这些情况组合的根源或状态，预后危害严重。其因素包括：物的不安全状态与能量、不良的环境影响、人的不安全行为及管理上的缺陷等。

（2）施工重大危险源辨识是指对施工危险因素定性或定量分析，确定施工重大危险源。施工重大危险源评价是指在对施工重大危险源辨识基础上，从涉及工程建设的作业人员、机械设备、材料、施工方法、作业环境和安全管理入手，分析事故发生的概率和后果，建立数学模型和指标体系，综合评价施工重大危险源的风险性。可采取的手段或措施有：

1）监控：指应用监测技术、信息技术，对危险源的状况进行实时监视，并发出相应控制指令。

2）预警：根据施工重大危险源监测情况，在危险源向事故临界状态转化时实时发出的警示信息。

3）防治：针对施工重大危险源所采取的各种预防和治理技术措施，防止施工重大危险源转化成事故。

4）应急预案：针对施工重大危险源可能发生的事故，预先制定措施。

5）应急响应：预警发出或事故发生后采取报告、通报和救援行动。

6）应急救援：事故发生后开展事故侦测、警戒、疏散、救助、工程抢险等。

（3）建设工程施工重大危险源监管体系应建立以建设工程各方责任主体（包括建设、勘察、设计、施工、监理）及检测、监测等单位负责的工程建设项目施工重大危险源监控与应急管理机制；建设工程施工安全重大危险源及灾害的应急救援体系应包括救援指挥、信息响应、抢险队伍及物资、设备储备等。

（4）施工单位在项目施工前，应根据施工重大危险源辨识结果编制专项施工方案、应急救援预案，对项目施工过程实施管理，并应符合下列规定：

1）专项施工方案、应急救援预案应经施工单位技术负责人和项目总监理工程师审批，按危险源等级组织论证。

2）项目经理及技术负责人在工程施工前应对施工人员进行专项施工方案、应急救援预案教育及交底。

3）建立施工重大危险源的关键工序、关键部位、关键措（设）施及关键环境条件的监测、隐蔽检查验收、日常巡查及记录、报告的工作机制，并组织实施。

4）组织施工重大危险源应急救援演练。

5）在施工重大危险源消除后，经工程监理或建设单位核查确认无相关隐患后撤销，并报备工程安全监督机构。

6）工程竣工后，应及时对项目施工重大危险源监控与防治情况进行总结。

（5）施工重大危险源辨识可按照分部分项工程为单元进行。施工单位在施工前应对下列分部分项工程进行施工重大危险源辨识（表 8-2、图 8-1），并逐项登记：

施工重大危险源清单　　　　　　　　　　　　　　　　　　表 8-2

工程名称			地址		
施工单位			联系人及手机号码		
监理单位			联系人及手机号码		
建设单位			联系人及手机号码		
序号	危险源名称	部位	危险源等级	主要措施和应急救援预案	
填报单位			（公章）　年　月　日		

重 大 危 险 源 公 示 牌

序号	公示项目	危险因素	可能造成的事故	防范措施	责任人	监控时间
1	顶管	防护设施不严、地下管线不明、顶管机械带病作业、高处作业未系安全带	坍塌、坠落、机械伤害、触电、周边环境事故	定期监测工作区域及临边建筑物位移和沉降变化；分层开挖；挖掘机作业半径内不得站人；工作区域周边防护栏杆及警示牌；弃土及堆料在安全范围内		
2	深基坑	基坑支护不符要求、基坑内积水	坍塌、高处坠落、建筑物倒塌、机械伤害、水浸、地下设施破坏	定期监测基坑及临边建筑物位移和沉降变化；分层开挖；挖掘机作业半径内不得站人；基坑周边防护栏杆及警示牌；弃土及堆料在安全范围内		
3	施工起重机械	无证上岗、违章操作、无指挥	高处坠落、物体打击、触电、机械伤害	作业人员持证上岗；保险、限位装置齐全有效；对作业人员进行安全技术交底		
4	模板工程	模板支撑不稳、支撑材料不合要求	坍塌、高处坠落、物体打击	模板支撑系统及材料检查验收；临边、洞口作业的安全防护措施；避免同一垂直面交叉作业；混凝土强度必须达到拆模强度要求方可拆模		
5	井口、临边防护	无防护设施、材料堆积基坑边沿	坍塌、高处坠落、物体打击	预留洞口、坑井须设置固定的盖板、栏杆；通道口除必须设置防护措施外，须有安全标志；梯段口、散音口、卸料平台边均须安装防护栏杆；在没有安全防护措施处须拴挂好安全带作业		
6	施工用电	无证上岗、保护措施和保护装置问题、违章操作、电缆线破旧	触电	电工持有效证件上岗，按要求巡视并作好记录；非电工不得随意连接、改动、拆除供电设施及电气闸具；维修时必须切断电源并挂牌警示		
7	电、气焊作业	无证上岗、无警示标志、无动火审批、无灭火器材	火灾、爆炸、高处坠落、烫伤、急性中毒、触电、职业病	持有效证件上岗；认真检查作业场地，清除各类可燃易燃物品；个人劳动防护用品的配备及正确使用；二次降压触电保护器和回火防止器的配置；灭火器材和防火措施的落实		
8	临时出入口	无警示灯、警示标志牌、抢道行车	交通事故	临时交通应有安全措施、配置警示牌和明显的警示标语，作业人员出入需注意交通安全		

8-1　高处作业-
安全施工

图 8-1　施工重大危险源现场公示牌

1) 开挖深度超过 3m（含 3m）或虽未超过 3m 但地质条件和周边环境复杂的基坑（槽）支护、降水工程，土方开挖工程。

2) 高度超过 8m 或虽未超过 8m，但地质情况和周围环境较复杂的高边坡、高切坡支挡工程，堤岸工程。

3) 搭设高度 5m 及以上、搭设跨度 10m 及以上、施工总荷载 $10kN/m^2$ 及以上、集中线荷载 15kN/m 及以上、高度大于支撑水平投影宽度且相对独立无联系构件的混凝土模板支撑工程。

4) 各类工具式模板（包括大模板、滑模、爬模、飞模等）工程、用于钢结构安装等满堂支撑体系。

5) 搭设高度 24m 及以上的落地式钢管脚手架工程，附着式整体和分片提升脚手架工程，悬挑式脚手架工程，吊篮脚手架工程，自制卸料平台、移动操作平台工程，新型及异形脚手架工程。

6) 采用非常规起重设备或方法，且单件起吊重量在 10kN 及以上的起重吊装工程、采用起重机械进行安装的工程、起重机械设备自身的安装与拆卸。

7) 建筑幕墙安装工程，预制构件、钢结构、网架和索膜结构安装工程。

8) 人工挖扩孔桩工程，地下暗挖、顶管及水下作业工程。

9) 建筑物、构筑物拆除工程、采用爆破拆除的工程。

10) 预应力工程。

11) 30m 及以上高处作业，立交桥、高架桥等桥梁工程。

12) 建筑施工防火、有限空间施工、现场施工使用的危险物质的储存与使用。

13) 采用新技术、新工艺、新材料、新设备及尚无相关技术标准的危险性较大的分部分项工程，及其他专业性强、工艺复杂、危险性大等易发生重大事故的施工部位及作业活动。

任务3　施工起重吊装安全技术

若工程在吊装作业进行前没有专项作业方案，仅凭经验进行施工，后期会造成监督检查无据可依，也无法发现存在的安全隐患，甚至导致安全事故的发生，给予血的教训。因此在吊装作业前应编制好吊装作业方案，使吊装作业从准备至吊装完毕的全过程都能做到有据可依、有章可循；通过对方案的审查把关，能发现存在的安全隐患，及时纠正；在作业前要向全体作业人员进行全面交底，使每个人知道自己的岗位、职责和应遵守的各项安全措施规定，未经技术负责人许可，不能自行更改，这样才能保证吊装作业的安全，所以规范中强制性规定：起重吊装作业前，必须编制吊装作业的专项施工方案，并应进行安全技术措施交底；作业中，未经技术负责人批准，不得随意更改。

子任务1　施工起重吊装安全基本要求

在施工起重吊装安全的要求中，主要做到以下几点：

(1) 安全教育是提高职工安全生产知识的重要方法。当前建筑队伍中很多为新人，安全知识比较缺乏。因此，根据实际情况，除有针对性地组织职工学习一般的安全知识外，还应按特殊工种统一进行专业的安全教育和技术训练，并统一组织考试。合格者发证，并准许上岗操作。起重机操作人员、起重信号工、司索工等特种作业人员必须持特种作业资格证书上岗（图 8-2）。严禁非起重机驾驶人员驾驶、操作起重机，杜绝无证上岗的违章操作现象发生。

图 8-2　特种作业操作证书式样

（2）起重吊装作业前，应检查所使用的机械、滑轮、吊具和地锚等，必须符合安全要求。

（3）起重作业人员必须穿防滑鞋、戴安全帽，高处作业应佩挂安全带，并应系挂可靠，高挂低用，即将安全带的绳端钩环挂在高的地方，而人在较低处工作（图 8-3）。这样，万一发生坠落时，操作人员不仅不会摔到地面，而且还可避免由于重力加速度产生的冲击力对人体的伤害。

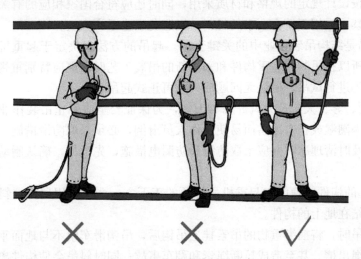

图 8-3　安全带高挂低用示意

（4）起重设备的通行道路应平整，承载力应满足设备通行要求。起重设备通行的道路上遇有坑穴和松软土时，应清理填实或换土处理。对松软土也可加石重夯。总之，必须保证处理后的路基平整坚实，道路坡度平缓，对必要情况及时维修，以避免翻车发生重大事故。吊装作业区域四周应设置明显标志，严禁非操作人员入内，防止高处物体落下伤人。夜间不宜作业，当确需夜间作业时，应有足够的照明。

（5）登高梯子的上端应固定，高空用的吊篮和临时工作台应固定牢靠，并应设不低于1.2m的防护栏杆。使用时，上端必须用绳索与已固定的构件绑牢，而且攀登或工作时，应注意检查绳子是否解脱，或被电焊、气割等飞溅的火焰烧断。如发现这些现象，应及时更换绳子绑牢。吊篮和工作台的脚手板应铺平绑牢，在吊篮和工作台上工作思想要集中。因踏上探头板会导致高空坠落，故严禁出现探头板。吊移操作平台时，平台上面严禁站人，防止平台上人或物滑下，从高处坠落伤人。当构件吊起时，所有人员不得站在吊物下方，并应保持一定的安全距离。

（6）绑扎所用的吊索、卡环、绳扣等规格应根据计算确定。起吊前，应对起重机钢丝绳及连接部位和吊具进行检查。

吊索、卡环、绳扣强调计算的目的，一是防止事故；二是建立起科学的态度。同时在选用卡环时，一般宜选用自动或半自动的卡环作为脱钩装置。在起吊作业中，钢丝绳是对安全起决定性作用的一环。因此，必须坚持在每班作业前，按要求进行严格检查，不符合要求者应及时更换。

（7）高空吊装屋架、梁和采用斜吊绑扎吊装柱时，应在构件两端绑扎溜绳，由操作人员控制构件的平衡和稳定。溜绳可控制屋架、梁、柱等起升时的摆动，构件摆动的角度越大，起重机相应增加的负荷也越大，所以应尽量控制构件的摆动，以避免超负荷起吊。拉好溜绳，是控制构件摆动的有效措施，同时也便于构件的就位和找正。

（8）构件的吊点应符合设计规定。对异形构件或当无设计规定时，应经计算确定，保证构件起吊平稳。

（9）钢筋混凝土结构构件安装工程所使用的电焊条、钢楔、木楔、垫铁、垫木等材料，要求必须按设计规定的规格和材质采用，同时还应符合国家相应的有关技术标准的规定，其目的是禁止采用不符合要求的材料，以避免发生重大事故。

（10）起吊是结构吊装作业中的关键工艺，起吊的方法又决定于起重机械的性能、结构物的特点，所以在吊装大、重构件和采用新的吊装工艺时，更应特别重视，防止酿成严重后果，必须先进行试吊，确认无问题后，方可正式起吊。

（11）大雨、雾、大雪及大风等恶劣天气，为保证安全应停止吊装作业。在雨期或冬期，构件上常因潮湿或积有冰雪而易使操作人员滑倒，必须采取防滑措施。雨雪后进行吊装作业时，应及时清理冰雪并应采取防滑和防漏电措施，先试吊，确认制动器灵敏可靠后方可进行作业。

（12）吊起的构件应确保在起重机吊杆顶的正下方，严禁采用斜拉、斜吊，严禁起吊埋于地下或粘结在地上的构件。

斜拉或斜吊时，将捆绑重物的吊索挂上吊钩后，吊钩滑车组不与地面垂直，就会造成超负荷及钢丝绳出槽，甚至造成拉断绳索和翻车事故；同时斜吊会使构件离开地面后发生快速摆动，可能会砸伤人或碰坏其他物体，被吊构件也可能会损坏。同样，起吊地下埋设件或粘结在地面上的构件，也会产生超载或造成翻车事故。

（13）施工用电大部分是380V以上的工业用电，有些高压电的电压高达几千伏，甚至几万伏以上。如果在这种高压电附近工作，必须避开它一定的距离。即在线路下工作时要保持一定的垂直距离，在线路近旁工作时要保持一定的水平距离，以确保安全。

起重机严禁越过无防护设施的外电架空线路作业。在外电架空线路附近吊装时，考虑到起重机吊装作业中被吊物摆幅等因素，防止起重机，包括吊臂、吊绳及其吊装物接近外电架空线路和吊装落物损伤外电架空线路，特别规定起重机的任何部位或被吊物边缘在最大偏斜时与架空线路边线的最小安全距离应符合相关规定（表 8-3）。

起重机与架空线路边线的最小安全距离　　　　　　　　　　　表 8-3

电压(kV)　　　　　　　　安全距离(m)	<1	10	35	110	220	330	500
沿垂直方向	1.5	3.0	4.0	5.0	6.0	7.0	8.5
沿水平方向	1.5	2.0	3.5	4.0	6.0	7.0	8.5

（14）当柱子、屋架的重量较大，一台起重机吊不动时，则采用两台起重机抬吊，即双机抬吊法。当采用双机抬吊时，宜选用同类型或性能相近的起重机，负载分配应合理，单机载荷不得超过额定起重量的 80%。两机应协调工作，起吊的速度应平稳缓慢。

选择同类型起重机是为了保证吊升速度快慢一致，同时起吊的速度应尽量平稳缓慢，为做到上述要求，必须对两机统一指挥，使两机互相配合，动作协调。若两吊点间高差过大，则此时两机的实际荷载与理想的载荷分配不同，尤其是采用递送法吊装时，如副机只起递送作用，此时应考虑主机满载。根据两台起重机的类型和吊装构件的特点，应选择好绑扎位置和方法，并对两台起重机进行合理的载荷分配。

（15）起吊过程中，起重机在行走、回转、俯仰吊臂、起落吊钩等动作前，司机应鸣声示意，提醒大家注意，共同协同工作，防止发生其他意外事故。一次只宜进行一个动作，待前一动作结束后，再进行下一动作。这样做是为了防止发生事故，另一方面也可在动作前使操作人员有思想准备。

（16）绑扎完毕，对构件应缓慢起吊，当提升离地一段距离后，应暂停提升，检查构件、绑扎点、吊钩、吊索、起重机稳定、制动装置的可靠性等，确认无误后再继续提升。对已吊升的构件，应一次吊装就位，不得长久在半空中停置，若因某种原因不能就位，则应重新落地固定。超载吊装不仅会加速机械零件的磨损，缩短机械使用年限，而且容易造成起重机发生恶性事故，因此，严禁超载吊装。对重量不明的重大构件和设备不能冒险吊装，防止出现意外事故。

（17）严禁在吊起的构件上行走或站立。因在吊起的构件上站立和行走不能拴安全带，具有很大的安全隐患。

起重机不能吊运人员，一方面是没有装人的设备，另一方面是晃动和摆动太大，也无限位装置，容易发生意外。不准悬挂零星物件，防止高处坠落伤人。

限制人员的活动范围，严禁在已吊起的构件下面或起重臂下旋转范围内作业或行走，防止起重机失灵和旋转时人受到撞击。

忽快、忽慢和突然制动都会让起重机产生严重摆动和冲击荷载，易使起重机失稳，所以回转时动作应平稳，当回转未停稳前不得做反向动作，若回转未停稳前马上就做反向动作，容易损伤臂杆和机器部件。

（18）随着工程项目的大型化、复杂化，很多吊装作业的工期都相对比较长，不是当天或当班就能完成，这样就会出现吊装作业的暂停。当因天气、停电、下班等原因，作业出现暂停时，吊装作业未全部完成，安装的建筑结构尚未形成空间稳定体系，如不采取临时固定措施保证空间体系的稳定，容易发生坍塌等严重的安全事故，所以，暂停作业时，对吊装作业中未形成稳定体系的部分，必须采取临时固定措施。

（19）高处操作人员使用的工具、垫铁、焊条、螺栓等应放入随身佩带的工具袋或工具盒内，严禁随便向下或向上抛掷。

当吊装过程中有焊接作业时，火花下落，特别是切割时铁水下落很容易伤人，周围有易燃物时也容易引起火灾。因此，在作业部位下面周围 10m 范围内不得有人，并要有严格的防火措施，设专人看护。

（20）若需要用已安装好的结构构件作受力点来进行搬运和吊装，以及堆放建筑材料、施工设备时，均应经过严格科学地计算才能决定，严禁施工荷载超过设计允许荷载，确保结构构件不会被压坏。凿洞开孔会对结构的受力性能造成损害。所以针对已安装好的结构构件，未经有关设计和技术部门批准不得随意凿洞开孔。

对临时固定的构件，必须在完成了永久固定，并经检查确认无误后，方可解除临时固定措施。在很多建筑结构中，有些构件在安装就位后，自身并不能保证在空间的稳定，需要依靠临时固定措施来保证其稳定。即便是永久固定后，也只有在安装的构件或屋面系统能够保证自身稳定或整体稳定时，才能解除临时固定措施，否则容易造成构件失稳倾覆或空间体系的坍塌，导致发生严重的安全事故。

（21）对起吊物进行移动、吊升、停止、安装时的全过程应采用旗语或通用手势信号进行指挥，指挥信号必须准确，以免发生事故。信号不明不得启动，上下联系应相互协调，需要语言沟通时，可用对讲机等通信工具进行，确保互相之间的语言能听清楚。

子任务 2　混凝土构件储运与吊装安全

（1）运输规定

构件运输应严格执行所制定的运输技术措施。运输道路应平整，有足够的承载力、宽度和转弯半径。高宽比较大的构件运输，应采用支承框架、固定架、支撑或用捯链等予以固定，不得悬吊或堆放运输。构件运输既要合理组织，提高运输效率，又要保证构件不损坏、不变形、不倾倒，确保质量和安全。构件运输时的混凝土强度，一定要符合设计规定，否则，运输中振动较大，构件容易损坏。构件的垫点和装卸车时的吊点，不论上车运输或卸车堆放都应按设计要求进行，叠放在车上或堆放在现场的构件，构件上下层之间的垫木应在同一条垂直线上，且厚度相等。经核算需加固的必须加固。对于重心较高、支承面较窄的构件，应采用支架固定，严防在运输途中倾倒，支承架应进行设计计算，应稳定、可靠和装卸方便。

当大型构件采用半拖或平板车运输时，因其不易调头，必须根据安装方向确定装车方向，支承处需设转向装置，防止构件侧向扭转折断，并避免构件在运输时滑动、变形或互碰损坏。运输时，各构件应拴牢于车厢上。

（2）堆放规定

构件堆放场地应压实平整，周围应设排水沟，良好的排水措施可以防地面下沉导致的构件倾倒。为了给吊装作业创造有利条件，必须做到合理堆放，构件须做到严格按平面布置图堆放，并满足吊装方法和吊装方向的要求，同时还应按类型和吊装顺序做到配套堆放，避免二次倒运。

构件应按设计支承位置堆放平稳，底部应设置垫木。对不规则的柱、梁、板，应专门分析确定支承和加垫方法；垫点应接近设计支承位置，异形平面垫点应由计算确定，等截面构件垫点位置可设在离端部 0.207L（L 为构件长）处。柱子应避免裂缝，一般易将垫点设在距牛腿 300~400mm 处。同时构件应堆放平稳，底部垫点处应设垫木，避免搁空而引起翘棱。

对侧向刚度差、重心较高、支承面较窄的构件，如屋架、薄腹梁等，应直立放置，除设支承垫木外，还应在其两侧设置支撑使其稳定，支撑不得少于 2 道。在直立堆放时，应设防倒撑木，或将几个构件用方木以铁丝连在一起。相邻屋架的净距，要考虑方便捆绑吊索、安装支承连接件及张拉预应力筋等操作，一般可设为 600mm。

重叠成垛堆放的构件，采用垫木隔开，上下垫木应在同一垂线上。各层垫木的位置应紧靠吊环的外侧，构件堆放应有一定的挂钩绑扎操作净距，相邻构件的净距一般不小于 2m。梁、柱堆放高度不宜超过 2 层；大型屋面板不宜超过 6 层，堆垛间应留 2m 宽的通道。装配式大板应采用插放法或背靠法堆放，堆放架应经设计计算确定。

插放的墙板，应用木楔子使墙板和架子固定牢靠，不得晃动。靠放的墙板应有一定的倾斜度（一般为 1：8），两侧的倾斜度应相等，堆放块数要相近，相差不应超过三块，包括结构吊装过程中形成的差数。每侧靠放的块数视靠放架的结构而定。楼、屋面板重叠平放的构件，垫木应垫在吊点位置且与主筋方向垂直。

（3）构件翻身规定

目前在现场预制的钢筋混凝土构件，一般使用砖模或土模平卧（大面朝上）生产，为了便于清理和构件在起吊中不发生断裂，应先用起重机将构件翻转 90°，使小面朝上，并移到吊装的位置堆放。

1）柱翻身

柱本身的翻身作业必须选择好吊点，应使其在翻身过程中能承受自身重量产生的正负弯矩，保证翻身时不裂缝。对已翻身或移至吊装位置搁置的柱子，应按设计要求布置支承点，无要求时，在其两端距端面 1/6~1/5 柱长处垫方木或枕木垛。

2）屋架或薄腹梁翻身

屋架都是平卧生产，运输或吊装均必须先翻身，由于屋架的平面刚度较差，翻身过程中往往容易损坏，故应验算抗裂度，不够时应予以加固。可在屋架下弦中节点处设置垫点，使屋架在翻转过程中，下弦中部始终着实，以防悬空挠度过大而产生裂纹。屋架立直后，下弦的两端宜着实，而中部则应悬空，这样才符合设计要求而不会发生裂缝。当屋架或薄腹梁高度超过 1.7m 时，应在表面加绑木、竹或钢管横杆增加屋架平面刚度，并在屋架两端设置方木或枕木垛，其上表面应与屋架底面齐平，且屋架间不得有粘结现象。

屋架一般是重叠生产，翻身时应在屋架两端用方木搭井字架（井字架的高度与下一榀屋架平面一样高），以便屋架由平卧翻转立直后搁置其上，防止屋架在翻转中由高处滑落地面而损坏。先将起重机吊钩对准屋架平面中心，然后起升吊杆使屋架脱模，松开转向滑车，让车身自由转动，接着起钩，同时配合起落吊杆，争取一次将屋架扶直，做不到一次扶直时，应将屋架转到与地面成 70°后再刹车。应注意起重机的每一次刹车和启动，都对屋架产生一个比较大的冲击力，可能会使屋架产生裂纹。在屋架接近立直时，调整吊钩，使其对准屋架下弦中点，防止屋架吊起后摆动太大。

（4）构件拼装规定

构件跨度大于 30m 时，如采用整体预制，不但运输不方便，而且翻身时（扶直）也容易损坏，故常分成几个块体预制，然后将块体运到现场组合成一个整体。这种组合工作即构件拼装。

平拼，即将块体平卧于操作台上或地面上进行拼装，拼装完毕后再吊装。

立拼，即将块体立着拼装，并直接在施工平面布置图中指定的位置上拼装。

平拼不需要稳定措施，焊接大部分是平焊，拼装简便，应防止在翻身过程中发生损坏和变形；立拼则需要可靠的稳定措施，尤其是大跨度构件的高空立拼，必须搭设高质量的拼装架和工作台。所以在一般的情况下，小型构件用平拼，大型构件用立拼。

立拼的程序一般为：做好各块体的支垫→竖立三脚架→块体就位→检查→焊接上、下弦拼接钢板。其中三脚架是稳定块体用的，必须牢固可靠。三脚架中的立柱可在屋架块体就位前埋入土中 1m 以上，梢径不宜小于 100mm，其位置应与构件上拼装节点、安装支撑连接件的预留孔眼或预埋件等错开。当组合屋架采用立拼时，应在拼架上设置安全挡木，防止组合屋架块体在校正中倾倒。

（5）吊点设置和构件绑扎规定

当构件无设计吊环（点）时，应通过计算确定绑扎点的位置。绑扎就是使用吊装索具、吊具绑扎构件，并做好吊升准备的操作。绑扎构件一般采用钢丝绳吊索及配合使用的其他专用吊具。绑扎方法应可靠，且摘钩应简便安全。随着新型结构的不断推广，为了保证安全、迅速地吊起构件，并使摘钩工作简易，绑扎方法也不断进步。

绑扎竖直吊升的构件过程中，应使构件成垂直状态（如预制柱）。并应做到以下几点：

1）绑扎点应稍高于构件重心，使起吊时构件不致翻转；有牛腿的柱应绑在牛腿以下；工字形断面应绑在矩形断面处，否则应用方木加固翼缘；双肢柱应绑在平腹杆上。

2）在柱不翻身或吊升中不会产生裂缝时，或柱平放起吊的抗弯强度满足要求时，可以采用斜吊绑扎法。由于吊起后成倾斜状态，吊索歪在柱的一边，起重钩可低于柱顶，因此，起重杆可以短些。当柱子平放起吊的抗弯强度不足，需将柱由平放转为侧立然后起吊时，可采用正吊（又称直吊）绑扎法，采用这种方法绑扎后，横吊梁必须超过柱顶，起吊后柱呈直立状态，所以需要较长的起重杆。

3）天窗架吊装时，为保证不改变原设计受力情况，宜采用四点绑扎。

绑扎吊升过程中成水平状态的构件，如各种梁、板时，应做到以下几点：

1）绑扎点应按设计规定设置。尽量利用构件上预埋的吊环和预留的吊孔，没有吊环和吊孔时，若设计图纸指定了绑扎点，应按照设计图纸规定绑扎起吊；若未指定绑扎点，最外吊点应在距构件两端 1/6～1/5 构件全长处进行对称绑扎。

2）为便于安装，应使梁、板在起吊后能基本保持水平，因此，其绑扎点应对称地设在构件两端，两根吊索要等长，吊钩应对准构件的中心，使得各支吊索内力的合力作用点位于构件重心线上。

3）屋架绑扎宜在节点上或靠近节点，其原因是避免上弦杆遭到破坏，具体绑扎方法应根据屋架的跨度、安装高度及起重机的臂杆长度确定。

绑扎应平稳、牢固，绑扎钢丝绳与物体间的水平夹角，在构件起吊时不得小于 45°，构件扶直时不得小于 60°。吊点绑扎，必须做到安全可靠，便于脱钩。

（6）吊装前后安全要求

构件起吊前，其强度应符合设计规定，并应将其上的模板、灰浆残渣、垃圾碎块等全部清除干净，避免吊装时构件上的杂物落下伤人。楼板、屋面板吊装后，对相互间或其上留有的空隙和洞口，应设置盖板或围护，避免施工人员掉入孔洞或其他物体掉入伤人。

（7）厂房构件吊装顺序

单层厂房吊装前应编制施工组织设计或作业设计，包括选择吊装机械、确定吊装程序、方法、进度、构件制作、堆放平面布置、构件的运输方法、劳动组织、构件和物资供应计划、质量标准、安全措施等，在吊装中应遵守这些施工组织设计。对单层多跨厂房宜先主跨后辅跨；先高跨后低跨；先吊地下设施量大、施工期长的跨间，后吊地下设施量小或无地下设施、施工期短的跨间。多层厂房则应先吊中间，后吊两侧，再吊角部，为了防止柱梁产生偏心受压或受扭现象，应对称进行。

（8）吊装范围障碍检查

吊装前应对周围环境进行详细检查，尤其是起重机吊杆及尾部回转范围内的障碍物，应拆除或采取妥善安全措施保护。

子任务 3 多层框架结构构件吊装安全

多层装配式结构中的柱子有普通单根柱（截面为矩形或正方形）和"T"形、"＋"形、"r"形、"H"形等异形柱子，同时根据柱子接头的形式不同，柱的吊装应满足相关的安全规定。

（1）框架柱吊装规定

为使下节柱的垂直度不会在吊装上节柱时发生较大变化，一般都应在吊装上节柱前将下节柱上的连系梁和柱间支撑安装好，并焊接完毕。且底层柱应在杯口二次灌浆和非底层柱接头的细石混凝土强度达到设计强度的 75％以上后，方准吊装上节柱。

多机抬吊多层"H"形框架柱时，为使捆绑吊索不产生水平分力，递送作业的起重机应使用横吊梁，以防止吊索的水平分力使框架柱产生裂缝。采用多机抬吊时，在操作上还应注意下列几点：

1）各起重机都应将回转刹车打开，以便在吊钩滑轮组发生倾斜时，可自动调整一部分。

2）指挥人员应随时观察两机的起钩速度是否一致，当柱截面发生倾斜时，即说明两机起升速度有快慢，此时两机的实际负荷与理想的分配数值不同，应指挥升钩快者暂停，进行调整。

3）副机司机应注意使副机的起钩速度与主机的起钩速度保持一致。

柱就位后应随即进行临时固定和校正。榫式接头的，应对称施焊四角钢筋接头后方可松钩；钢板接头的，应各边分层对称施焊 2/3 的长度后方可脱钩；H 形柱则应对称焊好四角钢筋后方可脱钩。

重量较轻的上节柱，可采用方木和钢管支撑进行临时固定和校正。

重型或较长柱的临时固定，应在柱间纵横向加设带正反扣螺母能调整长短的管式水平支撑或用缆风绳进行临时固定和校正。缆风绳用钢丝绳制作，用捯链或手扳葫芦拉紧，每根柱子拉四根缆风绳，柱子校正后，每根都应拉紧。如果一面松一面紧，在焊接中柱子垂直度容易发生变化。

吊装中用于保护接头钢筋的钢管或垫木应捆扎牢固，防止空中散落伤及地面人员。

（2）楼层梁吊装规定

目前常见的多层装配式结构的梁柱接头形式，有明牛腿和齿槽式两种，其吊装时应注意以下几点：

1）明牛腿由于支座接触面积较大，故校正后，只要将柱和梁端底部的预埋件相互焊接即可保证安全，所以吊装明牛腿式接头的楼层梁时，在梁端和柱牛腿上预埋的钢板焊接后方可脱钩。

2）齿槽式由于梁在临时牛腿上搁置面积较小，为确保安全，应等齿槽式接头的梁上部接头钢筋焊好两根后，才可以脱钩。

（3）楼层板吊装规定

楼层板一般分双 T 板（图 8-4）、空心板（图 8-5）和槽形板（图 8-6）等，根据其不同类型，吊装时应注意以下几点：

图 8-4 双 T 板

图 8-5 空心板

图 8-6　槽形板

1）双 T 板一般都预埋吊环，每次吊装一块板时，钩住吊环即可。每次吊两块以上 T 形板时，每块板吊索直接挂在起重机吊钩上，并将各板间距离适当加大些，其目的是减小吊索对板翼的压力，防止翼缘损坏。

2）板重在 5kN 以下的小型空心板或槽形板，可采用平吊或兜吊，但板的两端应保证水平。用横吊梁和兜索一次叠层吊数块空心板或槽形板可大大提高吊装效率。用铁扁担的方法是将数块板平排，下用兜索平挂于铁扁担两端，并将板吊到梁上卸去兜索后，用撬杠将板撬至设计位置。用兜索的方法是将数块板加垫木重叠放置，靠近两端用兜索直接钩挂于吊钩上，并将板吊至梁端集中放置卸去兜索后，再将各板吊至设计位置。用上述两种方法，起吊后板两端必须保持水平或接近水平，严禁板两端高差过大，以防滑落掉下伤人。

3）吊装楼层板时，严禁采用叠压式。楼层板吊装不得采用上层各板直接叠压于下层板上，这样最下层板容易断裂从高处坠落；另一方面吊于梁上后，不易分块穿拉兜索甚至产生危险。楼层板吊装时，禁止在板上站人、堆物、放工具和推车，防止人或物从高处坠落。

子任务 4　墙板结构构件吊装安全

墙板结构的吊装一般有两种方式：一种是逐间闭合吊装，另一种是同类构件依次吊装。前者易于临时固定和组织流水作业，稳定性好，安全较有保证，应尽量采用此种方法吊装。

（1）装配式大板结构吊装要求

吊装大板时，宜从中间开始向两端进行，并应按先横墙后纵墙，先内墙后外墙，最后隔断墙的顺序逐间封闭吊装，以便校正时易于调整误差。

吊装时应保证坐浆密实均匀，保证墙板底部与基础部分能结合紧密，确保连接的整体性和传力的均匀性。

当采用横吊梁或吊索时，起吊应垂直平稳，吊索与水平线的夹角不宜小于 60°。主要是考虑到大板的横向刚度较差，采用横吊梁和吊索与水平夹角不小于 60°的规定可以防止产生过大的水平力而使侧向失去稳定，吊装要垂直平稳主要是从安全上考虑，便于就位和临时固定。

墙板就位时，要对准外边线，稍有偏差用撬杠拨正。偏差较大时，则应将墙板吊起重新就位。较重、较大的墙板应随吊随校正。

第一个安装节间的墙板，应用操作台或 8 号钢丝和花篮螺栓，或者钢管斜撑与底部楼板进行临时固定和校正，以后的横向墙板和纵向墙板，分别用工具式水平拉杆或转角固定器和钢管斜撑进行临时固定和校正。但外墙板一定要在焊接固定后才能脱钩，内墙和隔墙板可在临时固定可靠后脱钩。

校正完的墙板，应立即梳整预埋钢筋，并焊接。待同层墙板全部吊完，经总体校正完毕后，即应浇筑墙板主缝。随后在墙板上支模、绑扎钢筋、浇灌圈梁混凝土作最后固定。圈梁混凝土强度达到 75% 及以上，方可吊装楼层板并灌缝。接着可用同法吊装第二层墙板。

（2）框架挂板吊装要求

框架挂板随着墙板装配化的发展，今后将愈来愈多，使外围护结构完全装配化，可大量缩短工期，很有发展前途。

为了防止板棱角的破坏和装饰效果的损坏，要求挂板的运输和吊装不得用钢丝绳兜吊，并严禁用钢丝捆扎，应用专用卡具或工具进行运输和吊装。

挂板吊装就位后，应与主体结构临时或永久固定后方可脱钩。安装前应用水准仪检查墙板基底的标高，墙板的安装高度应用墨线弹在柱子上，作为安装挂板的控制线。因此挂板就位后应随即和柱、梁、墙等作临时固定或永久固定，防止其坠落发生事故。

任务4　装配式结构绿色施工

绿色装配式建筑是指在项目全寿命期，使用绿色建材，实施绿色建造（标准化设计、工厂化生产、装配化施工、一体化装修、信息化管理），最大限度节能、节地、节材、节水、保护环境、减少污染的装配式建筑。建筑工业化的基本要求为建筑设计标准化、构配件生产工厂化、现场施工机械化和组织管理科学化。

要做到绿色施工，就是要在保证质量、安全等基本要求的前提下，通过科学管理和技术进步，最大限度地节约资源，减少对环境负面影响，实现节能、节材、节水、节地和环境保护，即"四节一环保"的建筑工程施工活动。

子任务1　绿色施工基本规定

（1）组织和管理

参建各方应积极推进建筑工业化和信息化施工，建筑工业化宜重点推进结构构件预制化和建筑配件整体装配化，它们是推进绿色施工的重要举措。

在工程建设全过程中应做好施工协同，加强参建各方的协作与配合，加强施工管理，协商确定合理的工期，这是绿色施工推进的重要要求。各方具体职责如下：

1）建设单位应履行的职责

在编制工程概算和招标文件时，应明确绿色施工的要求，并提供包括场地、环境、工期、资金等方面的条件保障；向施工单位提供建设工程绿色施工的设计文件、产品要求等相关资料，保证资料的真实性和完整性；应建立工程项目绿色施工的协调机制。

2）设计单位应履行的职责

应按国家现行有关标准和建设单位的要求进行工程的绿色设计；协助、支持、配合施工单位做好建筑工程绿色施工的有关设计工作。

3）监理单位应履行的职责

应对建筑工程绿色施工承担监理责任；应审查绿色施工组织设计、绿色施工方案或绿色施工专项方案，并在实施过程中做好监督检查工作。

4）施工单位应履行的职责

施工单位是建筑工程绿色施工的实施主体，应组织绿色施工的全面实施；实行总承包管理的建设工程，总承包单位应对绿色施工负总责；总承包单位应对专业承包单位的绿色施工实施管理，专业承包单位应对工程承包范围的绿色施工负责。

施工单位应建立以项目经理为第一责任人的绿色施工管理体系，制定绿色施工管理制度，负责绿色施工的组织实施，进行绿色施工教育培训，包括与绿色施工有关法律法规、规范规程等内容，定期开展自检、联检和评价工作。绿色施工组织设计、绿色施工方案或绿色施工专项方案编制前，应进行绿色施工影响因素分析，并据此制定实施对策和绿色施工评价方案。

施工现场应建立机械设备保养、限额领料、建筑垃圾再利用的台账和清单。工程材料和机械设备的存放、运输应制定保护措施。

施工单位应强化技术管理，绿色施工过程技术资料应收集和归档；应根据绿色施工要求，组织专门人员进行传统施工技术绿色化改造，建立不符合绿色施工要求的施工工艺、设备和材料的限制、淘汰等制度。在上述基础上对施工现场绿色施工实施情况进行评价，并根据绿色施工评价情况，采取改进措施。

施工单位应按照国家法律、法规的有关要求，制定施工现场环境保护和人员安全等突发事件的应急预案。

（2）资源节约

1）材料利用和节约要求

应根据施工进度、材料使用时点、库存情况等制定材料的采购和使用计划；现场材料应堆放有序，并满足材料储存及质量保持的要求；工程施工使用的材料宜选用距施工现场500km 以内生产的建筑材料。

2）水资源利用和节约要求

现场应结合给水排水点位置进行管线线路和阀门预设位置的设计，并采取管网和用水器具防渗漏的措施；施工现场办公区、生活区的生活用水应采用节水器具；宜建立雨水、中水或其他可利用水资源的收集利用系统；应按生活用水与工程用水的定额指标进行控制；施工现场喷洒路面、绿化浇灌不宜使用自来水。

3）能源利用和节能要求

应合理安排施工顺序及施工区域，减少作业区机械设备数量；选择功率与负荷相匹配的施工机械设备，机械设备不宜低负荷运行，不宜采用自备电源；制定施工能耗指标，明确节能措施；建立施工机械设备档案和管理制度，机械设备应定期保养维修，施工机械设备档案包括产地、型号、大小、功率、耗油量或耗电量、使用寿命和已使用时间等内容。

合理选择和使用施工机械可以避免造成不必要的损耗和浪费。

生产、生活、办公区域及主要机械设备宜分别进行耗能、耗水及排污计量，并做好相应记录。应合理布置临时用电线路，选用节能器具，采用声控、光控和节能灯具。施工现场合理布置临时用电线路，主要是要做到线路最短，变压器、配电室（总配电箱）与用电负荷中心尽可能靠近。照明照度宜按最低照度设计，宜利用太阳能、地热能、风能等可再生能源；施工现场宜错峰用电，避开用电高峰，平衡用电。

4）土地资源保护要求

应根据工程规模及施工要求布置施工临时设施；施工临时设施不宜占用绿地、耕地以及规划红线以外场地；施工现场应避让、保护场区及周边的古树名木。

（3）环境保护

1）施工现场扬尘控制

施工现场宜搭设封闭式垃圾站；细散颗粒材料、易扬尘材料应封闭堆放、存储和运输；施工现场出口应设冲洗池，施工场地、道路应采取定期洒水抑尘措施。

施工现场易扬尘材料运输、存储方式常见的有封闭式货车运输、袋装运输、库房存储、袋装存储、封闭式料池、料斗或料仓存储、封闭覆盖等方式，具有防尘、防变质、防遗撒等作用，降低材料损耗。

土石方作业区内扬尘目测高度应小于 1.5m，结构施工、安装、装饰装修阶段目测扬尘高度应小于 0.5m，不得扩散到工作区域外。

施工现场使用的热水锅炉等宜使用清洁燃料。不得在施工现场融化沥青或焚烧油毡、油漆以及其他产生有毒、有害烟尘和恶臭气体的物质。

2）噪声控制

施工现场宜对噪声进行实时监测；施工场界环境噪声排放不应超过国家标准的规定；施工过程宜使用低噪声、低振动的施工机械设备，对噪声控制要求较高的区域应采取隔声措施；施工车辆进出现场，不宜鸣笛。

3）光污染控制

应根据现场和周边环境采取限时施工、遮光和全封闭等避免或减少施工过程中光污染的措施；夜间室外照明灯应加设灯罩，光照方向应集中在施工范围内；在光线作用敏感区域施工时，焊接（包括钢筋对焊）等产生强光的作业及大功率照明灯具，应采取防止光线外泄的遮挡措施，防止施工扰民。

4）水污染控制

污水排放应符合行业标准要求；使用非传统水源和现场循环水时，宜根据实际情况对水质进行检测；施工现场存放的油料和化学溶剂等物品应设专门库房，地面应做防渗漏处理。

废弃的油料和化学溶剂应集中处理，不得随意倾倒；易挥发、易污染的液态材料，应使用密闭容器存放；施工机械设备使用和检修时，应控制油料污染；清洗机具的废水和废油不得直接排放；食堂、盥洗室、淋浴间的下水管线应设置过滤网，食堂应另设隔油池；施工现场宜采用移动式厕所，并应定期清理，固定厕所应设化粪池；隔油池和化粪池应做防渗处理，并应进行定期清运和消毒。

5）施工现场垃圾处理要求

垃圾应分类存放、按时处置；应制定建筑垃圾减量计划，建筑垃圾的回收利用应符合现行国家标准《工程施工废弃物再生利用技术规范》GB/T 50743 的规定；有毒有害废弃物的分类率应达到 100%；对有可能造成二次污染的废弃物应单独储存，并设置醒目标识；现场清理时，应采用封闭式运输，不得将施工垃圾从窗口、洞口、阳台等处抛撒。

6）危险化学品

施工使用的乙炔、氧气、油漆、防腐剂等危险品、化学品的运输和储存应采取隔离措施。

子任务 2　施工准备与场地要求

（1）施工准备

施工单位应根据设计文件、场地条件、周边环境和绿色施工总体要求，明确绿色施工的目标、材料、方法和实施内容，并在图纸会审时提出需设计单位配合的建议和意见。

施工单位应编制包含绿色施工管理和技术要求的工程绿色施工组织设计、绿色施工方案或绿色施工专项方案，并经审批通过后实施。

编制工程项目绿色施工组织设计、绿色施工方案时，应在各个章节中体现绿色施工管理和技术要求，如：绿色施工组织管理体系、管理目标设定、岗位职责分解、监督管理机制、施工部署、分部分项工程施工要求、保证措施和绿色施工评价方案等内容要求。编制工程项目绿色施工专项方案时，也应体现以上相应要求，并与传统施工组织设计、施工方案配套使用。

绿色施工组织设计、绿色施工方案或绿色施工专项方案编制应考虑施工现场的自然与人文环境特点、有减少资源浪费和环境污染的措施、明确绿色施工的组织管理体系、技术要求和措施，应选用先进的产品、技术、设备、施工工艺和方法，利用规划区域内设施，应包含改善作业条件、降低劳动强度、节约人力资源等内容。

施工现场宜实行电子文档管理，减少纸质文件，利于环境保护。

施工单位宜建立建筑材料数据库，应采用绿色性能相对优良的建筑材料。考虑到不同厂家生产的材料性能是有差别的，宜对同类建筑材料进行绿色性能评价，并形成数据库，在具体工程实施中选用性能相对绿色的材料。施工单位宜建立施工机械设备数据库。应根据现场和周边环境情况，对施工机械和设备进行节能、减排和降耗指标分析和比较，采用高性能、低噪声和低能耗的机械设备。

在绿色施工评价前，依据工程项目环境影响因素分析情况，对绿色施工评价要素中一般项和优选项的条目数进行相应调整，并经工程项目建设和监理方确认后，作为绿色施工的相应评价依据。在工程开工前，施工单位应完成绿色施工的各项准备工作。

（2）施工场地要求

1）一般规定

在施工总平面设计时，应针对施工场地、环境和条件进行分析，内容包括：施工现场的作业时间和作业空间、具有的能源和设施、自然环境、社会环境、工程施工所选用的料具性能等，并制定具体实施方案。

在施工总平面布置时，应充分利用现有和拟建建筑物、道路、给水、排水、供暖、供电、燃气、电信等设施和场地等，提高资源利用率。

场地平整、土方开挖、施工降水、永久及临时设施建造、场地废物处理等均会对场地上现存的动植物资源、地形地貌、地下水位等造成影响；甚至还会对场地内现存的文物、地方特色资源等带来破坏，影响当地文脉的继承和发扬。施工单位应结合实际，制定合理的用地计划，施工中应减少场地干扰，保护环境。

临时设施的占地面积可按最低面积指标设计，有效使用临时设施用地。

塔吊等垂直运输设施基座宜采用可重复利用的装配式基座或利用在建工程的结构。

2）施工总平面布置规定

在满足施工需要前提下，应减少施工用地；合理布置起重机械和各项施工设施，统筹规划施工道路；合理划分施工分区和流水段，减少专业工种之间交叉作业。

施工现场平面布置应根据施工各阶段的特点和要求，实行动态管理；施工现场生产区、办公区和生活区应实现相对隔离；施工现场作业棚、库房、材料堆场等布置宜靠近交通线路和主要用料部位。

施工现场的强噪声机械设备宜远离噪声敏感区。噪声敏感区包括医院、学校、机关、科研单位、住宅和工人生活区等需要保持安静的建筑物区域。

3）场区围护及道路

施工现场大门、围挡和围墙宜采用预制轻钢结构等可重复利用的材料和部件，提高材料使用率，并应工具化、标准化。施工现场入口应设置绿色施工制度图牌；道路布置应遵循永久道路和临时道路相结合的原则；主要道路的硬化处理宜采用可周转使用的材料和构件；围墙、大门和施工道路周边宜设绿化隔离带。

4）临时设施

临时设施的设计、布置和使用，应采取有效的节能降耗措施，并应符合下列规定：

应利用场地自然条件，临时建筑的体形宜规整，应有自然通风和采光，并应满足节能要求；宜选用由高效保温、隔热、防火材料制成的复合墙体和屋面，以及密封保温隔热性能好的门窗；临时设施建设不宜使用一次性墙体材料。

办公和生活临时用房应采用可重复利用的房屋，可重复利用的房屋包括多层轻钢活动板房、钢骨架多层水泥活动板房、集装箱式用房等。夏季炎热地区，由于太阳辐射原因，应在其外窗设置外遮阳，以减少太阳辐射热；严寒和寒冷地区外门应设置防寒措施，以满足保温和节能要求。

子任务 3　混凝土主体结构绿色施工

（1）基本要求

预制装配式混凝土结构采取工厂化生产、现场安装，有利于保证质量、提高机械化作业水平和减少施工现场土地占用，应大力提倡。当采取工厂化生产时，构件的加工和进场，应按照安装的顺序，随安装随进场，减少现场存放场地和二次倒运。构件在运输和存放时，应采取正确方法支垫或专用支架存放，防止构件变形或损坏。

基础和主体施工阶段的大型构件安装，一般需要较大能力的起重设备，为节省机械费用，在安排构件安装机械的同时应考虑混凝土、钢筋等其他分部分项工程施工垂直运输的需要，在施工中统筹安排垂直和水平运输机械。

施工现场宜采用预拌混凝土和预拌砂浆。预拌砂浆是指由专业生产厂生产的湿拌砂浆或干混砂浆。其中，干混砂浆需现场拌合，应采取防尘措施。经批准进行混凝土或砂浆现场搅拌时，宜使用散装水泥节省包装材料；搅拌机应设在封闭的棚内，以达到降噪和防尘的目的。

（2）钢筋要求

钢筋宜采用专用软件优化放样下料，根据优化配料结果合理确定进场钢筋的定尺长度，充分利用好短钢筋，使剩余的钢筋头最少。

钢筋工程宜采用专业化工厂化加工生产，并按需要直接配送及应用钢筋网片、钢筋骨架等成型钢筋，是建筑业实现工业化的一项重要措施，能节约材料、节省能源、少占用地、提高效率，应积极推广。若钢筋需现场加工，宜采取集中加工方式。

钢筋连接宜采用机械连接方式，不仅质量可靠而且节省材料。

进场钢筋原材料和加工半成品应存放有序、标识清晰、便于使用和辨认；储存环境适宜，现场存放场地应设有排水、防潮、防锈、防泥污等措施，并应制定保管制度。

钢筋除锈、冷拉、调直、切断等加工过程中会产生金属粉末和锈皮等废弃物，应及时收集处理，防止污染土地；钢筋加工中使用的冷却液体，应过滤后循环使用，不得随意排放；钢筋加工产生的粉末状废料，应收集和处理，不得随意掩埋或丢弃。

钢筋绑扎安装过程中，绑扎丝、电渣压力焊焊剂容易撒落，应妥善保管和使用，采取措施减少撒落，及时收集利用余废料，减少材料浪费。

箍筋宜采用连续钢筋制作的螺旋箍、多支箍等一笔箍，或焊接封闭箍。

（3）现浇连接区域的模板要求

应选用周转率高的模板和支撑体系。模板宜选用可回收、利用率高的塑料、铝合金等材料。

制定模板及支撑体系方案时，应贯彻"以钢代木"和应用新型材料的原则，尽量减少木材的使用，保护森林资源。

宜使用大模板、定型模板、爬升模板和早拆模板等工业化模板及支撑体系。

当采用木或竹制模板时，宜采取工厂化定型加工、现场安装的方式，不得在工作面上直接加工拼装。施工现场目前使用木或竹制胶合板作模板的较多，有的直接将胶合板、木方运到作业面进行锯切和模板拼装，既浪费材料又难以保证质量，还造成锯末、木屑对环境的污染。为提高模板周转率，提倡使用工厂加工的钢框木、竹胶合模板，若在现场加工此类模板，则应设封闭加工棚，防止粉尘和噪声污染。

模板安装精度应符合规范要求，模板加工和安装的精度，直接决定了混凝土构件的尺寸精度和表面质量。提高模板加工和安装的精度，可节省抹灰材料和人工，提高工程质量，加快施工进度。

传统的扣件式钢管脚手架，安装和拆除过程中容易丢失扣件，并且承载能力受人为因素影响较大，所以提倡使用承插式、碗扣式、盘扣式等管件合一的脚手架材料作脚手架和模板支撑。高层建筑结构施工，特别是超高层建筑，使用整体提升或分段悬挑等工具式外脚手架随结构施工而上升，具有减少投入、减少垂直运输、安全可靠等优点，应优先采用。

模板及脚手架施工，应采取措施防止小型材料配件丢失或散落，节约材料和保证施工安全；对不慎散落的铁钉、铁丝、扣件、螺栓等小型材料配件应及时回收利用。用作模板龙骨的残损短木料，可采用"叉接"技术接长使用，木、竹胶合板配料剩余的边角余料可拼接使用，以节约材料。

模板脱模剂应选用环保型产品，并派专人保管和涂刷，剩余部分应加以利用。

模板拆除宜按支设的逆向顺序进行，不得硬撬或重砸，并应随拆随运，防止交叉、叠压、碰撞等造成损坏。拆除平台楼层现浇部分的底模，应采取临时支撑、支垫等防止模板坠落和损坏的措施。不慎损坏的应及时修复，暂时不使用的应采取保护措施。

（4）现浇区混凝土要求

在混凝土配合比设计时，应尽量减少水泥用量，增加工业废料、矿山废渣的掺量；当混凝土中添加粉煤灰时，宜利用其后期强度；混凝土采用泵送和布料机布料浇筑、地下大体积混凝土采用溜槽或串筒浇筑不仅能保证混凝土质量，还可加快施工速度、节省人工。

超长无缝混凝土结构宜采用滑动支座法、跳仓法和综合治理法施工；当裂缝控制要求较高时，可采用低温补仓法施工。滑动支座法是利用滑动支座减少约束，释放混凝土内力的施工方法；跳仓法是将超长超宽混凝土结构划分成若干个区块，按照相隔区块与相邻区块两大部分，依据一定时间间隔要求，对混凝土进行分期施工的方法；低温补仓法是在跳仓法的基础上，创造一种补仓低于跳仓混凝土浇筑温度的施工方法；综合治理法是全部或部分采用滑动支座法、跳仓法、低温补仓法及其他方法，控制复杂混凝土结构早期裂缝的施工方法。

混凝土振捣是产生较强噪声的作业方式，应选用低噪声的振捣设备，采用传统振捣设备时，应采用作业层围挡，以减少噪声污染；在噪声敏感环境或钢筋密集时，宜采用自密实混凝土。

在常温施工时，浇筑完成的混凝土表面宜覆盖塑料薄膜，利用混凝土内蒸发的水分自养护；冬期施工或大体积混凝土施工应采用塑料薄膜加保温材料养护，以节约养护用水；当采用洒水或喷雾养护时，提倡使用回收的基坑降水或收集的雨水等非传统水源；混凝土竖向构件宜采用养护剂进行养护。

混凝土结构宜采用清水混凝土，其表面应涂刷保护剂增加混凝土的耐久性。

每次浇筑混凝土，不可避免地会有少量的剩余，可制成小型预制构件，用于临时工程或在不影响工程质量安全的提前下，用于门窗过梁、沟盖板、隔断墙中的预埋件砌块，充分利用剩余材料，不应随意倒掉或当作建筑垃圾处理。清洗泵送设备和管道的污水应经沉淀后回收利用，浆料分离后可作室外道路、地面等垫层的回填材料。

（5）结构细部

装配式混凝土结构构件，在安装时需要临时固定用的埋件或螺栓，与室内外装饰、装修需要连接的预埋件，应在工厂加工时准确预留、预埋，防止事后剔凿破坏，造成浪费。

钢混组合结构中的钢结构构件与钢筋的连接方式，如穿孔法、连接件法和混合法等，应结合配筋情况，在深化设计时确定，并绘制加工图，示意出预留孔洞、焊接套筒、钢筋连接板焊接位置和大小，并在工厂加工完成，严禁安装时随意割孔或后焊接，防止损坏钢构件。

子任务 4　装饰装修工程绿色施工

（1）基本要求

块材、板材、卷材类材料，包括地砖、石材、石膏板、壁纸、地毯以及木质、金属、塑料类等材料，施工前应进行合理排版，减少切割和因此产生的噪声及废料。

门窗、幕墙、块材、板材加工应充分利用工厂化加工的优势，减少现场加工而产生的占地、耗能以及可能产生的噪声和废水。

装饰用砂浆宜采用预拌砂浆；落地灰应回收使用；建筑装饰装修成品和半成品应根据其部位和特点，采取相应的保护措施，避免损坏、污染或返工；材料的包装物应分类回收，不得采用沥青类、煤焦油类材料作为室内防腐、防潮处理剂。

制定材料使用的减量计划，材料损耗宜比额定损耗率降低 30%。

民用建筑工程的室内装修，所采用的涂料、胶粘剂、水性处理剂，其苯、甲苯和二甲苯、游离甲醛、游离甲苯二异氰酸酯（TDI）、挥发性有机化合物（VOC）的含量应符合《民用建筑工程室内环境污染控制规范》GB 50325 的相关要求。

民用建筑工程验收时，必须进行室内环境污染物浓度检测，其限量应符合表 8-4 的规定。

民用建筑工程室内环境污染物浓度限量　　　　　　　　表 8-4

污染物	Ⅰ类民用建筑工程	Ⅱ类民用建筑工程
氡（Bq/m³）	≤200	≤400
甲醛（mg/m³）	≤0.08	≤0.1
苯（mg/m³）	≤0.09	≤0.09
氨（mg/m³）	≤0.2	≤0.2
TVOC（mg/m³）	≤0.5	≤0.6

其中，Ⅰ类民用建筑工程是指住宅、医院、老年人建筑、幼儿园、学校教室等。Ⅱ类民用建筑工程指办公楼、商场、旅店、文化娱乐场所、书店、图书馆、博物馆、美术馆、展览馆、体育馆、公共交通等候室等。表中污染物浓度限量，除氡外均指室内测量值扣除同步测定的室外上风向空气测量值（本底值）后的测量值。污染物浓度测量值的极限值判定，采用全数值比较法。

（2）地面工程

地面基层粉尘清理宜采用吸尘器，没有防潮要求的，可采用洒水降尘等措施，基层需剔凿的，应采用低噪声的剔凿机具和剔凿方式。

地面找平层、隔汽层、隔声层施工厚度应控制在允许偏差的负值范围内；干作业应有防尘措施，湿作业应采用喷洒方式保湿养护。

水磨石地面施工应对地面洞口、管线口进行封堵，墙面应采取防污染措施；对水泥浆采用收集处理措施，其他饰面层的施工宜在水磨石地面完成后进行，现制水磨石地面应采取控制污水和噪声的措施。施工现场切割地面块材时，应采取降噪措施；污水应集中收集处理；地面养护期内不得上人或堆物，地面养护用水，应采用喷洒方式，严禁养护用水溢流。

（3）门窗及幕墙工程

木制、塑钢、金属门窗应采取成品保护措施，外门窗安装应与外墙面装修同步进行，门窗框周围的缝隙填充应采用憎水保温材料。幕墙与主体结构的预埋件应在结构施工时埋设，连接件应采用耐腐蚀材料或采取可靠的防腐措施，硅胶使用前应进行相容性和耐候性复试。

（4）吊顶工程

吊顶施工应减少板材、型材的切割，避免采用温湿度敏感材料进行大面积吊顶施工。温湿度敏感材料是指变形、强度等受温度、湿度变化影响较大的装饰材料，如纸面石膏板、木工板等，若必须使用温湿度敏感材料进行大面积吊顶施工时，应采取防止变形和裂缝的措施。

高大空间的整体顶棚施工，宜采用地面拼装、整体提升就位的方式；高大空间吊顶施工时，宜采用可移动式操作平台以减少脚手架搭设工作量，省材省工。

（5）隔墙及内墙面工程

隔墙材料宜采用轻质砌块砌体或轻质墙板，严禁采用实心烧结黏土砖。预制板或轻质隔墙板间的填塞材料应采用弹性或微膨胀材料，抹灰墙面宜采用喷雾方法进行养护。

8-2　ALC 内墙板安装

涂料施工对基层含水率要求很高，应严格控制基层含水率，以避免引起起鼓等质量缺陷，提高耐久性。使用溶剂型腻子找平或直接涂刷溶剂型涂料时，混凝土或抹灰基层含水率不得大于 8%；使用乳液型腻子找平或直接涂刷乳液型涂料时，混凝土或抹灰基层含水率不得大于 10%，木材基层的含水率不得大于 12%。

涂料施工应采取遮挡、防止挥发和劳动保护等措施。

【课后习题】

一、填空题

1. 建筑施工场界环境噪声排放限值昼间＿＿＿＿＿＿＿＿＿，夜间＿＿＿＿＿＿＿＿＿。

8-3　课后习题答案

2. 针对施工重大危险源可采取的手段或措施有：＿＿＿＿＿＿、＿＿＿＿＿＿、＿＿＿＿＿＿、＿＿＿＿＿＿、＿＿＿＿＿＿、＿＿＿＿＿＿。

3. 构件拼装中，平拼是指：＿＿＿＿＿＿＿＿；立拼是指：＿＿＿＿＿＿＿＿。

4. 绑扎竖直吊升的构件过程中，应使构件成垂直状态，同时绑扎点应＿＿＿＿＿＿，使起吊时构件不致翻转；有牛腿的柱应绑在＿＿＿＿＿＿；工字形断面应绑在＿＿＿＿＿＿，否则应用方木加固翼缘。

5. 墙板结构的吊装一般有两种方式：一种是＿＿＿＿＿＿，另一种是＿＿＿＿＿＿。

二、选择题

1. 下列不属于施工重大危险源辨识范畴的分部分项工程是（　　）。

A. 开挖深度超过 3m 的土方开挖工程

B. 预制构件、钢结构、网架和索膜结构安装工程

C. 搭设高度 12m 的落地式钢管脚手架工程

D. 预应力工程

2. 对于起重吊装作业安全，以下说法错误的是（　　）。

A. 起重作业人员必须穿防滑鞋、戴安全帽

B. 起重吊装作业前应检查机械、滑轮、吊具和地锚是否符合安全要求

C. 高处作业应佩挂安全带，并应系挂可靠，低挂高用，防止坠落

D. 严禁非起重机驾驶人员驾驶、操作起重机

3. 对构件吊装过程中，以下说法错误的是（　　）。

A. 对已吊升的构件，若因某种原因不能就位，应重新落地固定

B. 起重机不能吊运人员，可在吊起的构件上临时站立，进行纠偏

C. 严禁在已吊起的构件下面或起重臂下旋转范围内作业或行走

D. 暂停作业时，对吊装作业中未形成稳定体系的部分，必须采取临时固定措施

三、问答题

1. 多机抬吊多层"H"形框架柱时，应注意哪些问题？

2. 绿色施工中，施工现场扬尘控制措施有哪些？

3. 绿色施工中，对钢筋要求有哪些？

4. 绿色施工中，对吊顶工程的要求有哪些？

参考文献

［1］福建省住房和城乡建设厅. 福建省建设工程施工重大危险源辨识与监控技术规程：DBJ/T 13-91—2017［S］. 北京：中国建筑工业出版社，2017.

［2］湖南省住房和城乡建设厅. 湖南省绿色装配式建筑评价标准：DBJ 43/T 332—2018［S］. 北京：中国建筑工业出版社，2018.

［3］中国建筑标准设计研究院有限公司. 装配式建筑系列标准应用实施指南（装配式混凝土结构建筑）［M］. 北京：中国计划出版社，2016.